Ivar Ekeland

Zufall, Glück und Chaos

Mathematische Expeditionen

Aus dem Französischen
von Holger Fliessbach

Unter wissenschaftlicher Beratung
von Jochen Fröhlich

Carl Hanser Verlag

Die Texte aus dem Altnordischen wurden,
wenn nicht anders vermerkt, nach den Quellen
übersetzt von Ulrike Strerath-Bolz.

Titel der Originalausgabe:
Au hasard
La chance, la science et le monde

1 2 3 4 5   95 94 93 92

ISBN 3-446-17014-6

Satz: LibroSatz, Kriftel
Druck und Bindung: Friedrich Pustet, Regensburg
Printed in Germany

Inhalt

Vorwort

Die hebräische Bibel stellt das Tohuwabohu, das Ur-Chaos, an den Beginn aller Zeit; die skandinavische Edda hingegen verlegt es in eine Zwischenperiode. Diese Phase ist die Götterdämmerung (Ragnarök), die Vernichtung der Welt; sie trennt die Geschichte der Odinssöhne von dem neuen Goldenen Zeitalter, das sich auf den Trümmern des alten erheben wird. So besagt es die sibyllinische Vision der Völuspá, ein grandioser Text, der den gesamten Zyklus in einer prophetischen Vision zusammenfaßt:[1]

Schwertzeit, Beilzeit,
Schilde bersten,
Windzeit, Wolfzeit,
bis die Welt vergeht –[1]

Die Riesen besteigen zu ihrem Angriff ein Schiff, das aus den Fingernägeln der Toten besteht. Der Garmhund, der die Pforten der Hölle bewacht, reißt sich von seiner Kette los, die Midgardschlange taucht aus der Tiefe des Meeres empor und fällt den Gott Thor an, der Fenriswolf tötet Odin, den sein Sohn Viðarr rächt, die Weltesche Yggdrasil, in deren Schutz die drei Nornen die Geschicke der Menschen spinnen, birst von oben bis unten entzwei, die Sonne erlischt, die Erde versinkt im Meer, der Weltbrand verschlingt die Sterne.

Können wir in diesem Bild nicht unsere eigene Zeit erkennen? In dem Chaos, in dem die Zeitgeschichte sich abspielt, liegen nebeneinander Bruchstücke der alten Welt und des künftigen Goldenen Zeitalters, so wie der glanzlose Sand des Strandes unter der Lupe eine Unzahl verschiedenster, bunt schillernder Körnchen zeigt. In diesem Sinne hielt ich es nicht nur für möglich, sondern in mancher Hinsicht sogar für notwendig, zwei Texte nebeneinanderzustellen, zwischen denen ein Jahrtausend liegt: ein paar Seiten aus einer alten Saga und einige Stellen aus einer modernen Abhandlung über den Zufall. Wenn der eine Text von Schicksal, Zauber oder Los spricht und der andere von Zufall, Chaos und Risiko, so erzählen beide doch dieselbe Geschichte – eine Geschichte, die im Altertum beginnt, wo das griechische Wort *tyche* alle die genannten Aspekte abdeckte und zugleich die Existenz, das Sein meinte. Wir schlagen diese Texte auf – zum Vergnügen oder aus Erkenntnisdrang – und erkennen im Verlauf der Lektüre immer deutlicher, daß wir selber die Akteure dieser Geschichte sind.

Der Zufall hat, wie Janus, viele Gesichter, er treibt mannigfache Blüten, und es kam mir darauf an, gerade diesen Facettenreichtum darzustellen. So habe ich diese Pracht weder in die künstliche Fasson eines wohlgestutzten Baumes gebracht noch in das Kettenhemd einer rhetorisch konsistenten Systematik gezwängt. Vielleicht ist es sogar nützlich, wenn der Leser dieses Werk selbst nach dem Zufallsprinzip in Angriff nimmt: Das Buch enthält sechs Kapitel; er nehme einen Würfel und würfle; das übrige ergibt sich von selbst.

1
Zufall

Thorstein der Geschichtskundige erzählt, in Hísing gebe es eine Ansiedlung, die einmal zu Norwegen, einmal zu Götaland gehört habe. Die Könige verabredeten nun, sie wollten um den Besitz losen und würfeln. Derjenige, der die größere Zahl werfe, sollte ihn haben. Der schwedische König warf zwei Sechsen und meinte, König Olaf müsse wohl nicht mehr würfeln. Der aber sagte, während er die Würfel in seiner Hand schüttelte: »Es sind immer noch zwei Sechsen auf den Würfeln, und für Gott, meinen Herrn, ist es eine Kleinigkeit, sie nach oben zu bringen.« Er warf, und die zwei Sechsen lagen oben. Der Schwedenkönig warf ein zweites Mal, und wieder hatte er zwei Sechsen. Da warf der Norwegerkönig Olaf noch einmal, und diesmal war auf dem einen Würfel eine Sechs, der andere aber brach entzwei und zeigte nun Sieben. Und so gewann er die Ansiedlung.[2]

Einer wenig bekannten, aber gut belegten Überlieferung zufolge soll König Olaf Haraldsson bei diesem Anlaß dem Glück etwas nachgeholfen haben. Nach Meinung mancher gebot dieser Mann, der schließlich heiliggesprochen wurde, schon in jungen Jahren über wundersame Kräfte; so konnte er Kranke und Gebrechliche heilen und in seinen Kriegen den Beistand des Himmels bewirken. Er besaß auch die Macht, die Würfel so fallen zu lassen, wie er es wünschte. Andere sahen es anders: Ganz wie jene Krieger, die man »Berserker« nannte, mit übermenschlichen Kräften ausgestattet waren, die sie unüberwindbar machten, verfügte König Olaf Haraldsson über eine übernatürliche Geschicklichkeit, die ihn befähigte, die Würfel so gewandt zu werfen, daß sie zuletzt ganz von selbst die Zahl zeigten, die er wollte. Ein alter Chronist versichert sogar, daß dem König diese

Begabung nicht angeboren gewesen sei, sondern daß er sie erst durch langes Trainieren mit immer kleineren Würfeln erworben habe. Wieder andere behaupten, Olaf habe einfach gemogelt: Beide Würfel seien präpariert gewesen, weshalb mit schöner Regelmäßigkeit immer die Sechs kam, und einer der Würfel habe zusätzlich einen geschickt erzeugten, von außen unsichtbaren Sprung aufgewiesen. Wenn diese Anschuldigung stimmt, hätte König Olaf Haraldsson die ganze Losentscheidung durch das Würfeln inszeniert, bis hin zum überraschenden Finale, das freilich für den König von Schweden und sein Gefolge keine Überraschung war.

Es ist klar, daß man beim Werfen eines Würfels alles manipulieren kann: den Würfel selbst, die Oberfläche, auf der gewürfelt wird, und den Wurf. Bei genauerer Überlegung kann man sich sogar fragen, an welcher Stelle eigentlich der Zufall beim Würfeln ins Spiel kommt. Beim Rollen oder Abprallen des Würfels kann es nicht sein; denn diese Bewegungen sind strikt von den Gesetzen der rationalen Mechanik determiniert. Es sind dieselben Prinzipien, auf denen das Billard beruht, und bisher ist noch niemand auf die Idee gekommen, Billard zu einem Glücksspiel zu erklären. Letzten Endes liegt das Zufallsmoment also in der Ungeschicklichkeit, Unerfahrenheit oder Naivität des Würfelnden – oder aber im Auge des Beschauers.

Man kann sich übrigens sehr gut eine Kultur vorstellen, in der das Würfeln eine Sportart ist, während Billard als Glücksspiel gilt. Die Regeln sind dann natürlich andere. Der Würfel muß etwa die Größe und das Gewicht einer Billardkugel haben, und eine Partie spielt sich ungefähr so ab wie beim Lyoner Boule. Die Spieler nehmen ein paar Schritte Anlauf und werfen den Würfel möglichst nahe an eine Marke; die oben liegenden Zahlen werden gutgeschrieben, und der geschickte oder erfahrene Werfer wird seinen Wurf entsprechend einrichten.

Umgekehrt kann man aus dem Billard ohne weiteres ein Glücksspiel machen. Man braucht nur die Spielfläche etwas zu neigen, sie mit Noppen zu bestücken, an denen die Kugel abprallt oder abgelenkt wird, und am unteren Ende oder an anderen Stellen der Spielfläche sechs Vertiefungen anzubringen, in deren einer die Kugel zwangsläufig landet. Um das Geschicklichkeitselement auszuschalten, wird die Kugel mechanisch angestoßen, und zwar an einer Art Gegenhang durch eine Feder, die der Spieler mehr oder weniger stark spannt. Dieses mechanische Billard ist genauso ein Glücksspiel wie das traditionelle Würfeln. Es eignet sich zwar weniger dazu als der Würfelbecher, den man in die Tasche stecken und bei jeder Gelegenheit hervorholen kann, aber grundsätzlich hätten die beiden Könige das Schicksal ihrer Stadt auch mit Hilfe eines solchen Geräts entscheiden können. Ein paar hundert Jahre später würde der technische Fortschritt das mechanische Billard obsolet machen; die Federspannung würde elektrisch erfolgen, so daß aus dem Glücksspiel wieder ein Geschicklichkeitsspiel würde.

Ich teile nicht den bösen Verdacht gegen König Olaf Haraldsson, sondern möchte glauben, daß er hier wie bei vielen anderen Gelegenheiten seinem Ruf der Heiligmäßigkeit gerecht geworden ist. Der Rückgriff auf den Losentscheid kann auf verschiedene Weise gedeutet werden, namentlich als Ordal, als Gottesurteil, und in diesem Sinne hat der Chronist ihn auch ohne Zweifel verstanden. Ein moderner Mensch würde darin eher eine Methode sehen, eine unteilbare Sache unter zwei Leuten zu teilen. Die beiden Könige hatten von Anfang an die Gleichberechtigung ihrer Ansprüche auf diese Stadt anerkannt, und da sie ausnahmsweise weder irgendwelche Prinzipien durchsetzen noch irgendwelche Interessen verteidigen mußten, hatten sie sich auf eine gemeinsame Herrschaft geeinigt, die ihnen beiden jedoch mehr Nachteile als Vorteile brachte. So waren sie auf das Mittel des Losentscheids verfallen, um ihre Rechte zu behaupten. Jemandem die Hälfte einer Sache zu überlassen oder ihm eine fünfzigprozentige Chance einzuräumen, sie ganz zu besitzen, läuft ungefähr auf dasselbe hinaus; aber bei einer Sache, die nicht teilbar ist, kommt nur die letztgenannte Lösung in Frage. Diese Methode ist heute bei Wirtschaftstheoretikern allgemein bekannt; sie greifen auf sie zurück, um zu bekräftigen, daß alle Güter unbegrenzt teilbar sind.

Die Methode ist sehr flexibel und erlaubt zahlreiche Verallgemeinerungen. Wenn die Könige zum Beispiel hätten vereinbaren wollen, daß der eine von ihnen doppelt so viele Rechte haben solle wie der andere, hätten sie nur einen Dritten würfeln lassen müssen; bei acht Augen oder weniger wäre dann die Stadt dem einen König zugefallen, bei neun Augen oder mehr dem anderen. Der erste König hätte also eine Zweidrittelchance gehabt, zu gewinnen, der zweite nur eine Eindrittelchance, was der ursprünglichen Übereinkunft mit den doppelten gegenüber den einfachen Rechten entsprochen hätte. Aus Gründen der Symmetrie und um allen Empfindlichkeiten vorzubeugen, hätte man auch jedem König einen Würfel geben und denjenigen zum Sieger erklären können, der nach zwei Würfen die höhere Augenzahl hatte.

Aber selbst wenn beide Könige guten Willens sind und es ihnen wirklich nur um die Gleichheit zu tun ist, gibt es doch ein Problem, das sie lösen müssen: Wie können sie sicherstellen, daß es bei dem Losentscheid vollkommen ehrlich zugeht und kein Betrugsverdacht aufkommt? Ist das überhaupt möglich? Geht der Zufall letztlich in einer seelischen Einstellung oder einer gesellschaftlichen Konvention auf, oder gibt es so etwas wie den reinen Zufall, der sich jeder Manipulation durch Menschen entzieht? Es gibt eine mittelalterliche Handschrift, in der diese Frage auf eine sehr bemerkenswerte Weise erörtert wird.

Das Original der Handschrift ist leider verschollen, aber Jorge Luís Borges hat mir eine Kopie aus den Archiven des Vatikans zukommen lassen. Seinen Angaben zufolge datiert die Handschrift aus den Jahren 1240/1250 und gehört ohne Zweifel zu den Akten, die in Zusammenhang mit dem Verfahren zur Heiligsprechung Olaf Haraldssons stehen. Verfasser der Schrift war ein gewisser Bruder Edvin aus dem norwegischen Franziskanerkloster Tautra, über den wir weiter nichts wissen.

Wenn wir den Text lesen, wundert uns das nicht. Die intellektuelle Kühnheit Bruder Edvins erinnert so sehr an die seines Zeitgenossen Roger Bacon, daß sie wie diese dem Verdikt der Kirche verfallen sein muß. Vielleicht haben beide Philosophen in Oxford zu Füßen Robert Grossetestes gesessen, und vielleicht hat Edvin wie jener den Rest seiner Tage im Kerker verbracht. Falls Bruder Edvin noch andere Schriften verfaßt haben sollte, haben sie die offizielle Verurteilung Bacons durch die Kirche im Jahre 1277 zweifellos nicht überlebt; die

Schrift, die uns hier beschäftigt, dürfte ihre Erhaltung nur einem Versehen verdanken, möglicherweise auch ihrer Funktion als Argumentationshilfe in dem Heiligsprechungsverfahren.

Bruder Edvin nimmt einleitend König Olaf gegen den Vorwurf der Betrügerei in Schutz. Derartige Gerüchte gingen erst relativ spät um – lange, nachdem der letzte Augenzeuge von Olafs Wirken gestorben war –, während in der christlichen Bevölkerung Norwegens schon bald nach Olafs Tod eine bis heute lebendige Überlieferung entstand, die auf der unbedingten Heiligmäßigkeit des Königs in jeder Situation insistiert. Diese Tradition stützt sich auf viele wunderbare Zeichen, von denen die eingangs zitierte Episode nicht das geringste war, weil sie bewies, daß der fromme König sich des tätigen Beistands Gottes erfreute. Das Zerspringen des Würfels konnte nur als ein Wunder gedeutet werden, das aus zwölf dreizehn machte; natürlich kommt einem sogleich die wunderbare Brotvermehrung durch Jesus in den Sinn, aber wir wollen nicht solch großartige Vorbilder für eine so triviale Sache wie das Würfeln um eine Stadt heranziehen. Auf jeden Fall war das die Interpretation der Augenzeugen, was auch aus dem Verhalten des schwedischen Königs und seines Gefolges hervorgeht, von denen nirgends berichtet wird, daß sie das Resultat des Würfelns angefochten hätten, was gewiß geschehen wäre, wenn auch nur der geringste Zweifel an dem mirakulösen Charakter von Olafs Wurf bestanden hätte.

Und sollte Olaf Haraldsson – gegen jede Wahrscheinlichkeit – den Losentscheid in diesem Falle wirklich manipuliert haben, so tat auch das seiner Heiligmäßigkeit keinen Abbruch. Es kam ja auch kein Mensch auf die Idee, an der Heiligkeit des Stammvaters Jakob zu zweifeln. Wie im 30. Kapitel des Buches Genesis (1. Buch Mose) berichtet wird, legte Jakob bei der Erfüllung eines Vertrages mit seinem Schwiegervater Laban ein Verhalten an den Tag, das unter gewöhnlichen Sterblichen als übler Trick gewertet worden wäre, bei einem Mann Gottes hingegen nur dazu diente, den Willen Jehovas zu erfüllen. Zur Befriedigung des Abschreibers und zur Erbauung des Lesers folgt hier der heilige Text:

Und er sprach: Was soll ich dir geben? Jakob aber sprach: Du sollst mir gar Nichts geben; wenn du dieses mir thun willst; so will ich wieder deine Schafe weiden und sie hüten. Ich will heute durch deine ganze Heerde gehen, daraus auszusondern alle gesprenkelten und fleckigen Stücke, auch alle dunkelfarbigen Stücke unter den Lämmern, und das Gesprenkelte und Fleckige unter den Ziegen. Das soll dann mein Lohn sein. Und es wird in der Folge die Gerechtigkeit für mich sprechen, wenn die Sache wegen meines Lohnes vor dich kommt. Alles, was unter den Ziegen nicht gesprenkelt und fleckig, und unter den Lämmern dunkelfarbig ist, daß soll gestohlen sein bei mir. – Da sprach Laban: Siehe! es sei, wie du sagest! So sonderte er an demselben Tage aus die bunten und fleckigen Böcke, auch alle gesprenkelten und fleckigen Ziegen, Alles, woran etwas weißes war; so auch alles Dunkelfarbige unter den Lämmern, und gab es in die Hand seiner Söhne. Dann setzte er einen Zwischenraum von drei Tagreisen zwischen sich und zwischen Jakob fest, wo Jakob die übrige Heerde Labans weidete.

Nun nahm sich Jakob frische Stäbe von Storax-, Mandel- und Ahorn-Bäumen, und schälte daran weiße Streifen, so daß das Weiße zum Vorschein kam. Die Stäbe, die er so geschält hatte, legte er dann in die Tränkrinnen, in die Wassertröge, wohin die Heerde zum Trinken kam, der Heerde vor. Und sie begatteten sich, wenn sie zum Trinken kamen. Nachdem sich die Schafe bei den Stäben begattet hatten, gebaren sie bunte, gesprenkelte und fleckige. Und diese Lämmer sonderte Jakob ab, und das Gesicht der Schafe richtete er gegen etwas Gesprenkeltes; so ward dann Alles in Labans Heerde dunkelfarbig; und er that seine Heerden besonders, und that sie nicht zu den Heerden Labans. Und es geschah, jedesmal wenn die stärkeren Schafe sich begatteten, legte Jakob die Stäbe in die Tränkrinnen vor die Schafe hin, so daß sie sich bei den Stäben begatteten. Wann es aber schwächliche Schafe waren; so legte er sie nicht hin. So fielen die Schwächlichern dem Laban, die Stärkern dem Jakob zu.[3]

Die Zulässigkeit des Verfahrens, um den Besitz einer Stadt zu würfeln, kann sich auf die höchste Autorität berufen: Auch um den Rock Christi ist gewürfelt worden, wie alle vier Evangelisten übereinstimmend berichten, am ausführlichsten Johannes:[4]

Nach seiner Kreuzigung nahmen die Soldaten sein Oberkleid, (theilten es in vier Theile, so daß Jeder Einen Theil bekam,) auch das Unterkleid. Dieses Kleid hatte aber keine Naht, sondern bestand von oben an durchweg aus einem Gewebe. Da sagten sie zueinander: Das wollen wir nicht zerschneiden, sondern darum loosen, wem es gehören soll. So wurde die Schrift erfüllt, welche sagt: Sie haben meine Kleider unter sich getheilt und das Loos um mein Gewand geworfen.[5]

Dazu ist zu bemerken, daß wir nicht wissen, wer bei diesem Losen gewann, und daß sich in der Heiligen Schrift wie in der Überlieferung die Spur des kostbaren Kleidungsstückes von da an verliert. Es ging den Evangelisten also darum, ein Prinzip zu bekräftigen, nicht darum, ein Einzelschicksal zu berichten. Dieses Prinzip war, daß man unteilbare Dinge nicht teilen darf. Die Tradition hat in dem Gewebe ohne Naht sehr bald ein Abbild der Mutter Kirche erkannt, deren Einheit vor Ketzern, Schismatikern und anderen Parteigängern des bösen Geistes bewahrt werden muß. Dasselbe Prinzip galt auch für Dinge von minderer Bedeutung wie etwa eine Stadt, die naturgemäß nicht teilbar ist, und Olaf Haraldssons Verfahren war also vollkommen berechtigt.

Man könnte noch weitere, weniger gewichtige Zeugnisse anführen. »In den Schooß wird das Loos geworfen; aber von Jehova kommt ganz seine Entscheidung« (Sprüche Salomos 16,33). Durch Losen wurde Matthias zum zwölften Apostel erkoren (Apostelgeschichte 1,26), und durch Losen fiel Zacharias die Priesterpflicht zu, im Tempel zu räuchern (Lukas 1,9). Durch das Los – *urim* oder *tummim* – gibt Jehova Schuldige zu erkennen, so etwa Jonathan (1. Samuel 14,37-43), Jonas (Jonas 1,1-10) und Achan (Josua 7,10-23), und bestimmt Saul zum König über Israel (1. Samuel 10,20-24). Wie der hl. Augustinus sagt *(Enarrationes in Psalmos):* »Das Los ist kein Übel an sich, sondern etwas, das dem zweifelnden Menschen den Willen Gottes anzeigt.«[6]

Bis hierher ist die Beweisführung des Bruders Edvin nicht zu tadeln – weder vom Standpunkt der Logik noch von dem der Orthodoxie. Doch nun läßt er sich von seinem Thema fortreißen und verläßt die sicheren Bahnen, die die Klugheit geboten hätte.

Nachdem Bruder Edvin im ersten Teil seiner Schrift festgestellt hat, daß das Resultat eines korrekt durchgeführten Losens nichts anderes sein kann als die Bekundung des Willens Gottes, wirft er anschließend die praktische Frage auf, wie man mögliche menschliche Eingriffe in das Losen verhindern kann. Der zweite Teil der Handschrift behandelt daher ausführlich die verschiedenen damals bekannten Glücksspiele – Kartenspiele, Würfeln, Lotterie – und zeigt, wie ein geschickter und böswilliger Manipulator den Ausgang des Spiels beeinflussen und damit die Bekundung des göttlichen Willens verhindern kann. Edvin kommt zu dem Schluß, daß der Gebrauch von materiellen Gegenständen beim Losen den Verdacht auf Unregelmäßigkeiten niemals völlig ausräumen kann und allen möglichen Einwänden Tür und Tor öffnet.

Um dem abzuhelfen, wartet Edvin mit einer sehr originellen Lösung auf. Bei wichtigen Anlässen wie dem Streit zwischen dem schwedischen König und Olaf Haraldsson, bei denen es vor allem darauf ankommt, daß das Ergebnis des Losens unanfechtbar ist, denkt sich jeder der Beteiligten eine Zahl; diese Zahl schreibt er auf eine Pergamentrolle, die anschließend versiegelt wird. Am festgesetzten Tag übergeben die beiden Könige oder ihre Stellvertreter diese Rollen einem Schiedsrichter – einem frommen und gebildeten Mann, dem Kleriker zur Seite stehen, die rechnen können. Der Schiedsrichter erbricht die Siegel und liest die beiden Zahlen vor; die Kleriker zählen sie zusammen, teilen die Summe durch sechs und geben den Rest bekannt. Dabei gibt es sechs Möglichkeiten:

1 2 3 4 5 0

Diese sechs Zahlen entsprechen den sechs möglichen Ergebnissen beim Würfeln:

1 2 3 4 5 6

Dieser bei der Division entstandene Rest wird als Ergebnis des Losens angesehen. Wenn zum Beispiel der eine die Zahl 17 und der andere die Zahl 3 051 gewählt hat, ist die Summe 3 068, und bei der Teilung durch sechs bleibt als Rest 2. Diese Zahl gibt der Schiedsrichter bekannt. Nach unserer kleinen Tabelle entspricht das einer 2 beim Würfeln; nur hat dieses von Bruder Edvin vorgeschlagene Verfahren den Vorteil, daß es nicht durch menschliche Geschicklichkeit oder Böswilligkeit zu beeinflussen ist. Es beruht auf reinem Zufall – so rein, wie ein Kleriker des 13. Jahrhunderts ihn sich nur wünschen konnte.

Bruder Edvin stellt als nächstes mathematische Überlegungen an, die sehr interessant sind. Er weist darauf hin, daß das Verfahren kraß manipulierbar wird, sobald man die beiden Zahlen nicht zusammenzählt, sondern multipliziert: Es braucht nämlich nur einer der Beteiligten ein Vielfaches von sechs zu wählen, und das Resultat des Losens wird immer 0 sein, egal, welche Zahl der andere gewählt hat. Es würde sich in diesem Falle um das Produkt zweier Zahlen, nicht um ihre Summe handeln, und wenn bei einem Produkt ein Faktor durch sechs teilbar ist, ist es das ganze Produkt ebenfalls. Edvins zweite Beobachtung ist, daß es für das Endresultat nur auf den Rest ankommt, der sich bei der Teilung der gewählten Zahlen durch sechs ergibt. Wenn der eine die Zahl 17 und der andere die Zahl 3 051 wählt, heißt das Resultat, wie wir eben gesehen haben, 2. Wählt man statt der Zahl 17 die 5 und statt der Zahl 3 051 die 3 – den Rest, der sich bei der Teilung der Zahlen 17 und 3 051 durch sechs ergibt –, so ergibt die Addition $5 + 3 = 8$ und die Teilung durch sechs wiederum den Rest 2. Bruder Edvin schließt daraus, daß es für die Spieler zwecklos ist, besonders große Zahlen zu wählen; es verringert ihre Chancen in keiner Weise, wenn sie sich auf die Zahlen 1 bis 6 beschränken. Allerdings, so fügt er hinzu, gibt die Wahl von Zahlen großen Maßstabs den Spielern die Illusion, ihre Chancen zu erhöhen, und deshalb ist es gut, ihnen diesen Glauben zu lassen.

Der letzte Teil der Handschrift befaßt sich mit verschiedenen Möglichkeiten, die Methode zu verbessern, natürlich vor allem im Hinblick auf drei oder mehr Spieler, und Bruder Edvin weist darauf hin, daß es sogar bei nur zwei Spielern vorteilhaft sein kann, einen dritten hinzuzunehmen. In Fällen, in denen es um wichtige Belange wie das Schicksal einer Stadt geht, kann man den Heiligen Vater bitten, aus Rom eine dritte Zahl zu schicken, die dann gleichzeitig mit den anderen beiden entsiegelt wird. Alle drei Zahlen werden zusammengezählt, und der Rest, der sich bei der Teilung der Summe durch sechs ergibt, gilt als Resultat. Zählt man beispielsweise zu den beiden Zahlen 17 und 3 051 die Zahl 442 dazu, so ergibt sich die Summe 3 510, und es bleibt nach der Teilung durch sechs ein Rest 0, was einer 6 beim Würfeln entspricht. Die Beteiligung eines dritten Spielers und dessen Unabhängigkeit von den anderen beiden garantiert zusätzlich die völlige Unparteilichkeit des Losens.

Zuletzt geht Bruder Edvin auf Fälle ein, in denen man gezwungen ist, allein zu spielen, und stellt die Frage, wie man ohne Mitwirkung eines anderen Spielers das Los befragen kann. Er gesteht, dieses Problem nicht zu seiner völligen Zufriedenheit gelöst zu haben, gibt aber provisorisch das folgende Verfahren an. Der Spieler denkt sich eine vierstellige Zahl und erhebt sie ins Quadrat. Er erhält dann eine sieben- oder achtstellige Zahl, von der er die beiden letzten Ziffern sowie die erste bzw. die ersten beiden wegstreicht, so daß er neuerlich eine vierstellige Zahl erhält. Diese Rechenoperation wiederholt er viermal; die letzte Zahl teilt er durch sechs, der verbleibende Rest gilt als Resultat. Als Beispiel geht er von der Zahl 8 653 aus; er quadriert sie (74 874 409) und arbeitet mit den vier Ziffern in der Mitte weiter (8 744). Diese Operation wiederholt er viermal und erhält nacheinander die Zahlen

8 653   8 744   4 575   9 306   6 016

Bei der Teilung der letzten Zahl durch sechs bleibt als Rest 4, was einer 4 beim Würfeln entspricht.

Der Vorteil dieser Methode besteht darin, daß es im allgemeinen unmöglich ist, das Endergebnis vorauszusehen, ohne die einzelnen Rechenschritte durchzuführen – die jedoch, wie Bruder Edvin hervorhebt, nicht jedermanns Sache waren, da sie entweder gute Kenntnisse im Gebrauch des Abakus oder die Kenntnis des »indischen Rechnens« verlangten, die in Büchern wie dem *Liber Aba* des Leonardo Fibonacci vermittelt wurde.[7] So bleibt nach der Teilung der ursprünglich gewählten Zahl (8 653) durch sechs ein Rest 1, während das Endresultat 4 lautet, und man mußte schon ein ziemlicher Schlaukopf sein, um das vorauszusehen. Bruder Edvin weist auch darauf hin, daß man das Verfahren noch sicherer gestalten kann, wenn man die Anzahl der verbleibenden Ziffern erhöht (beispielsweise von vier auf sechs, wobei man von einer sechsstelligen Zahl ausgeht) oder die Anzahl der Rechenoperationen vermehrt – vorausgesetzt, der Spieler legt diese Anzahl von vornherein fest und kommt nicht auf die Idee, im Verlauf der Partie die Regeln zu ändern.

Bruder Edvin zögert nicht, auch auf ein Manko in seiner Methode hinzuweisen – ein Manko, das in Ausnahmen begründet ist. Man braucht kein großes Licht zu sein, um vorauszusehen, daß man bei der Ausgangszahl 0 000 auch in den folgenden Rechenschritten immer auf die Zahl 0 000 kommen und das Endresultat daher 0 sein wird. Das Auftreten von Nullen kann aber einen noch heimtückischeren Effekt auf das Spiel haben. Geht man beispielsweise von der Zahl 1 001 aus, so erhält man beim zweiten Rechenschritt 0 200 und in der Folge 0 400, 1 600, 5 600, 3 600, 9 600, 1 600, wonach man sich im Kreise dreht, das heißt der Zyklus 1 600, 5 600, 3 600, 9 600, 1 600 wiederholt sich unendlich. Es ist daher durchaus möglich, das Resultat des vierten, siebzehnten oder millionsten Losens vorauszusehen und sich damit in die eigene Tasche zu lügen.

Bruder Edvin schlägt verschiedene Notbehelfe vor, insbesondere die Maßgabe, daß die Ausgangszahl aus vier verschiedenen Ziffern bestehen muß und keine Null enthalten darf. Doch ist er scharfsinnig genug, um zu erkennen, daß es neben diesen offenkundigen Ausnahmen theoretisch noch andere, subtilere geben könnte. Vielleicht sind diese Ausnahmen sogar nur ein Indiz dafür, daß es eine tiefere Regelmäßigkeit gibt, die zwar unseren ungeübten Augen verschlossen ist, die aber durch eine gründlichere Analyse zutage gefördert werden kann. Woher sollen wir wissen, daß es nicht eine verborgene Formel gibt, die uns auf einfache und direkte Weise auf das Endresultat führt – nicht nur in Sonderfällen wie der Zahl 1 001, sondern bei sämtlichen Zahlen? Die Tatsache, daß wir eine solche Formel nicht zu finden vermögen, ist keine Garantie dafür, daß sie nicht existiert. Es braucht sie nur zu geben, und schon ist das Zufallsmoment aus unserem Spiel verschwunden. Wer sie findet, kann sie entweder für sich behalten und sein Glück damit machen, daß er über den Ausgang jeder Partie Wetten abschließt, oder sie offenbaren und damit das Resultat von soviel Schweiß und Plagen zunichte machen.

Mit diesem melancholischen Ausblick – vielleicht einer Ahnung –

endet das Manuskript. Man kann sich leicht vorstellen, wieviel Mühe es seinem Autor bereitet haben mag: Da saß Bruder Edvin und hantierte mit Zahlen wie mit Dingen, ohne sich um ihren geheimen Sinn zu kümmern. Was konnte bei einer so einseitigen Unternehmung Gutes herauskommen? Es war allgemein bekannt und wurde in der Apokalypse des Johannes ausdrücklich bekräftigt, daß die Zahl des Tieres 666 war (Offenbarung 13-18). Was geschah, wenn im Laufe der Berechnungen diese Zahl erschien? War das nicht das sichtbarste Zeichen für das Wirken des Teufels? Konnte man anders als glauben, daß damit auch das Endresultat verdorben war? Dadurch, daß er die traditionellen Interpretationen aufgab, setzte Bruder Edvin sich dem Vorwurf aus, Wahrsagerei zu treiben, und es steht zu befürchten, daß dieser Vorwurf in der Tat gegen ihn erhoben worden ist.

Nach Ablauf einiger hundert Jahre wurden die von Bruder Edvin aufgeworfenen Fragen und seine moralischen Skrupel wieder aktuell, als es darum ging, Computer mit dem Zufallsprinzip auszustatten. Jetzt waren nicht mehr zweckfreie Spekulationen oder Stufen der Heiligkeit gefragt, sondern der Bau einer thermonuklearen Waffe, der Wasserstoffbombe, deren erster Prototyp 1952 explodierte. Dieser Erfolg war das Endergebnis einer beispiellosen wissenschaftlich-technischen Anstrengung, die die USA seit dem berühmten Brief Einsteins an Präsident Roosevelt unternommen hatten und die vor allem durch die Bomben von Hiroshima und Nagasaki gekennzeichnet war.

Die Berechnungen im Zusammenhang mit der Atombombe waren noch handschriftlich erfolgt; an Hilfsmitteln gab es nur Rechenschieber und manuelle Rechenmaschinen. ENIAC, der erste elektronische Rechner – ein Ungetüm von 30 Metern Länge, 3 Metern Höhe und 90 Zentimetern Breite mit 18 000 Vakuumröhren und über 500 000 Lötstellen –, war erst Ende 1947 funktionsbereit. Während der langen Entwicklungsperiode dieses Rechners war entschieden worden, ihn zur Simulation des Verhaltens von Neutronen in spaltbarem Material zu verwenden – ein entscheidender Schritt bei der Entwicklung einer thermonuklearen Bombe. Die Experten, die schon die Atombombe gebaut hatten, namentlich Enrico Fermi und John von Neumann, hatten sich mit diesem Problem befaßt und waren zu dem Schluß gekommen, daß man der Frage nur mit statistischen Methoden beikommen könne. In jedem Augenblick besteht für das Neutron eine gewisse Wahrscheinlichkeit, mit einem anderen zusammenzustoßen, und jede Kollision bedeutet mit einer gewissen Wahrscheinlichkeit entweder eine einfache Diffusion des aufprallenden Neutrons oder eine Spaltung, die zur Entstehung mehrerer neuer Neutronen führt. Jede einzelne Neutronenbahn ist also das Resultat einer Partie, die nach komplexen Regeln, aber mit bekannten Wahrscheinlichkeiten gespielt wird.

Die Idee dabei ist nun die, der Maschine die Aufgabe zu übertragen, eine große Anzahl solcher Partien zu spielen, indem sie nach vorgegebenen Wahrscheinlichkeiten Zufallsentscheidungen fällt, und die erhaltenen Resultate statistisch auszuwerten. So entstand die Monte-Carlo-Methode. Während Fermi auf die Inbetriebnahme von ENIAC wartete, erfand er einen kleinen Wagen, genannt FERMIAC, den man auf einer Zeichnung, die einen Ausschnitt des Reaktors darstellte, hin- und herschieben konnte, um eine mögliche Neutronenbahn zu veranschaulichen; dabei wurde jedesmal die Richtung der Verschiebung und die Entfernung zur nächsten Kollision durch Losen bestimmt. Es gab daneben noch andere Regelungen, die man vor allem je nach dem Material, in dem sich das Neutron bewegen sollte, modifizieren konnte. Dieses kleine Fahrzeug verschwand mit der Inbetriebnahme von ENIAC in der Requisitenkammer, während ENIAC seinerseits 1952 veraltet war, als in Los Alamos MANIAC die Arbeit aufnahm. In allen diesen Maschinen erbrachte die Monte-Carlo-Methode ausgezeichnete Resultate; sie ist bis heute eine der wichtigsten Rechenhilfen in der Physik geblieben.

Die Monte-Carlo-Methode – so heißt sie nun einmal – ist einfach und vielseitig. Nehmen wir einmal an – um ein Beispiel von Stanislaw Ulam aufzugreifen –, ich möchte wissen, mit welcher Wahrscheinlichkeit eine Patience aufgeht. Da hängt wohlgemerkt nur von der anfänglichen Kartenverteilung ab. Es gibt also

$$52! = 52 \times 51 \times 50 \times 49 \times 48 \times \ldots \times 3 \times 2 \times 1$$

verschiedene Möglichkeiten der Kartenverteilung. Diese Zahl 52! (die Fakultät von 52 – das ist die Bedeutung des Ausrufezeichens) ist enorm groß, nämlich siebzigstellig – so groß, daß es ausgeschlossen ist, alle möglichen Verteilungen zu prüfen, um die Anzahl der Gewinnpartien zu ermitteln. Die gesuchte Wahrscheinlichkeit

$$\frac{\text{Anzahl der Gewinnpartien}}{\text{Anzahl der möglichen Verteilungen}}$$

entzieht sich daher einer exakten Berechnung. Man kann jedoch eine empirische Schätzung vornehmen, indem man nur eine geringe Zahl von Partien spielt – ein paar Hundert oder Tausend –, vorausgesetzt, die Karten werden vor jeder neuen Verteilung sorgfältig gemischt. Mit anderen Worten, man schätzt die unbekannte Wahrscheinlichkeit, indem man auf gut Glück und unabhängig voneinander eine gewisse Anzahl von Verteilungen aus den 52! möglichen Verteilungen auswählt und den Anteil der Gewinnpartien in dieser Stichprobe feststellt. Es ist nicht schwer, einen Computer so zu programmieren, daß er Patiencen legt und in ein paar Millisekunden ermittelt, ob eine bestimmte Kartenverteilung gewinnt oder nicht.

Allerdings muß der Computer auch lernen, die Karten zu mischen, das heißt eine bestimmte Verteilung aus den 52! möglichen auszuwählen, die jede mit derselben Wahrscheinlichkeit 1/52! auftritt, und zwar unabhängig von den vorangegangenen Verteilungen. In der Praxis werden die Karten durch Zahlen dargestellt, und der Computer muß nach dem Zufallsprinzip zuerst eine Zahl zwischen 1 und 52 wählen, dann eine zweite aus den übrigen 51, dann eine dritte aus den übrigen 50 und so weiter und so fort. Wie kann man sicherstellen, daß alle diese Verteilungen mit derselben Wahrscheinlichkeit und unabhängig von den vorangegangenen Verteilungen erfolgen?

Beim Bridge geschieht dies durch Mischen der Karten vor jedem neuen Austeilen. Das ist nicht so einfach, wie es aussieht. Ein Falschspieler vermag die Karten so zu mischen, daß er sich selber das beste Blatt gibt; ein Zauberkünstler vermag eine einzelne, mitten in den Stoß geschobene Karte herauszufinden. Es reicht aber nicht, daß der Geber nur gut mischt; er muß auch oft mischen – nach neuesten

Untersuchungen mindestens siebenmal. Wenn alle diese Bedingungen erfüllt sind, werden die Spieler nicht versuchen, sich an die vorige Kartenverteilung zu erinnern, um daraus Rückschlüsse auf die jetzige zu ziehen, sondern werden beide Verteilungen als unabhängig voneinander betrachten. Das hindert die Spieler nicht, sich nach dem Austeilen der Karten, wenn sie ihr Blatt aufgenommen, aber noch nicht mit dem Bieten begonnen haben, eine ungefähre Vorstellung von der allgemeinen Kartenverteilung zu machen. Diese Vorstellung stützt sich nicht nur auf die Erinnerung an die vorige Kartenverteilung (das Pik-As hat den König gestochen, ich habe genau gesehen, daß der König zusammen mit dem As abgelegt wurde, und da ich das Pik-As in der Hand halte, muß links von mir der Pik-König sein), sondern auch auf die Hypothese, daß die restlichen Karten gleichmäßig verteilt sind (ich habe vier Pik, die andern drei Spieler haben zusammen neun Pik, es ist also anzunehmen, daß jeder einzelne drei Pik hat). Dieser Vorstellung gibt man Ausdruck, wenn man sagt, daß die Auslosungen gleich wahrscheinlich sind.

Beim Kartenmischen ist es nicht anders als beim Würfeln: Das Zufallsmoment erwächst allein aus der Ungeschicklichkeit des Menschen. Wir sind nicht imstande, uns selber soweit zu kontrollieren, daß wir einen Würfel nach Belieben stoppen oder eine einzelne Karte im Kartenstoß dirigieren können. Trotzdem ist dieser Vergleich instruktiv und macht die Grenzen deutlich, die dieser Methode der Zufallserzeugung gesetzt sind. Es ist ziemlich gleichgültig, wer die Würfel wirft; hingegen ist es uns nicht gleichgültig, wer die Karten mischt. Ein Tolpatsch kommt damit nicht zurecht, während ein allzu gewandter Geber uns mißtrauisch macht. Wie soll man es also mit einem Computer machen, der keine Ungeschicklichkeit kennt und dessen Funktionsweise der Ungewißheit keinen Raum läßt? Das ist im Grunde das Problem, das Bruder Edvin aufgeworfen hat, und wenn unsere technischen Möglichkeiten enorme Fortschritte gemacht haben, so kann man dasselbe von unserem Kenntnisstand nicht sagen.

Zunächst benutzte man die Methode des fortgesetzten Quadrierens (sie trägt heute den Namen John von Neumanns), doch stellte sich sehr schnell heraus, daß nach einer gewissen Anzahl von Auslosungen unfehlbar die Zahl 2 100 kam, dann 4 100, dann 8 100, dann 6 100 und dann wieder 2 100, wonach sich die Zahlenfolge ewig wiederholte:

2 100, 4 100, 8 100, 6 100, 2 100.

Die Ausnahmen bei dieser Methode waren genau jene, die schon Bruder Edvin angegeben hatte; das einzige Manko war, daß sie noch schneller zu einem (übrigens anderen) Zahlenzyklus führte! Ein kurzes Nachdenken wird uns hiervon schnell überzeugen. Der Computer nimmt eine vierstellige Zahl, quadriert sie mehrere Male, wobei er jedesmal nur die mittleren vier Ziffern berücksichtigt, und das Endergebnis ist eine neue vierstellige Zahl, die nun als Zufallsauslosung gilt. Um mehrere Zahlen auszulosen, geht man iterativ vor, das heißt, man geht von der zuletzt erhaltenen Zahl aus, um die nächste zu erhalten. Jede Auslosung hängt also völlig und ausschließlich von der vorangegangenen ab. Wenn die erste Auslosung 8 653 war, die zweite 8 744 und die dritte 4 575, dann kann man mit Gewißheit sagen, daß immer, wenn die 8 653 erscheint, die 8 744 und die 4 575 folgen werden. In der Computersimulation verschwindet also ein elementares Merkmal des Zufalls, nämlich die absolute Unabhängigkeit der einzelnen Auslosungen voneinander; deshalb treten die Zyklen auf.

Stellen wir uns einen phantasielosen Croupier vor, der sein Rouletterad mit einem Pedal steuert und die Absicht hat, den Zufall auszuschalten und die Zahlen in einer präzisen Reihenfolge erscheinen zu lassen. Er macht sich also eine Liste – die zufälligste, die es gibt – und hält sich an sie. Nach der 7 läßt er immer die 35 kommen, nach der 35 die 13, nach der 13 die 22 und so fort, wobei er darauf achtet, jedesmal eine andere Zahl erscheinen zu lassen, um die Spannung aufrechtzuerhalten. Aber er hat in seinem Rad nur 37 Nummern (einschließlich der 0), so daß er nach 37 Durchgängen gezwungen ist, eine Nummer zu bestimmen, die bereits vorgekommen ist, beispielsweise die 7. Nach dieser Nummer hält er sich an seine festgelegte Reihenfolge, so daß nacheinander die 35, die 13, die 22 und so fort erscheinen, bis wieder die 7 kommt, dann die 35, die 13, die 22 usw. ad infinitum. Über kurz oder lang werden die Spieler ihm auf die Schliche kommen.

So wie ein mechanischer Croupier beim Roulette einen Zyklus von maximal 37 Durchgängen etablieren kann, ergibt die Methode des fortgesetzten Quadrierens, wie jede andere deterministische Methode, einen Zyklus von maximal 10 000 Durchgängen, da die Gesamtzahl der vierstelligen Zahlen 10 000 beträgt. Man kann auf Abhilfe sinnen und beispielsweise mit fünfstelligen Zahlen arbeiten, was die Aussicht eröffnet, bis 100 000 gehen zu können, aber die prinzipielle Grenze bleibt bestehen. Man kann auch – in der Art, wie es Bruder Edvin getan hat – die Realität kaschieren, indem man vom Endresultat nur den nach der Teilung durch sechs verbleibenden Rest angibt. So kann man den Anschein erwecken, als wähle man eine Zahl zwischen 0 und 5, während man in Wirklichkeit eine Zahl zwischen 0 und 9 999 wählt. Die aufeinanderfolgenden Auslosungen

6 016 1 922 6 940 1 636

ergeben dann

4 2 4 4,

und man hat den Eindruck der Zufälligkeit erweckt, da auf eine 4 entweder eine 2 oder wieder eine 4 erscheinen kann, ganz so, als wären die einzelnen Auslosungen unabhängig voneinander. Leider ist jedoch die erste 4, die für die Zahl 6 016 steht, nicht dieselbe wie die zweite 4, die für die Zahl 6 940 steht. Die Maschine arbeitet mit den Zahlen 6 016 und 6 940, zeigt aber zweimal die 4 an – wie ein Zauberkünstler, der die Zuschauer durch geschickt arrangierte Spiegel täuscht.

Heutzutage ist man von der Methode der sukzessiven Quadrierung zur Erzeugung von Zufallszahlen fast völlig abgekommen. Man benutzt lieber arithmetische Zufallsgeneratoren, wie sie durch Formeln vom Typ

$$X_n = aX_{n-1} + c \quad \text{modulo M}$$

beschrieben werden; die Formel besagt, daß man die n-te Auslosung X_n dadurch erhält, daß man das Resultat der $(n\text{-}1)$ten Auslosung X_{n-1} nimmt, es mit a multipliziert, c dazuzählt und das Ganze durch M teilt. Der bei dieser Division verbleibende Rest ist das Resultat der n-ten

Auslosung. Die ganzen Zahlen *a, c* und M charakterisieren den Zufallsgenerator; sie werden vorher ein für allemal festgelegt.

Diese arithmetischen Generatoren weisen jedoch dieselben Mängel auf wie die Quadratmethode. Jede Auslosung wird vollständig von der vorangegangenen determiniert, und man kann daher Zyklen beobachten, deren maximale Größe M ist. In der Praxis wählt man gerne $M = 2^{32}$, wodurch für Maschinen, die binär arbeiten, die Teilung durch M sehr einfach ist, oder auch $M = 2^{31} - 1$, was die Teilung durch M kaum schwieriger macht, aber den Vorteil hat, eine Primzahl zu sein. Bei so großen Zahlen haben die Zyklen einen Umfang, der in der Praxis nicht mehr feststellbar ist: Die Zahl 2^{30} hat die Größenordnung von einer Milliarde. Man darf daher hoffen, den Zufall auf befriedigende Weise ausgeschaltet zu haben.

Leider ist dem nicht so. Das Problem der Zyklen ist nur die erste Klippe, und es gibt auf unserem Weg noch viele weitere. In Wirklichkeit zerfällt der Begriff »Zufall« in eine Reihe von Eigenschaften, die derartig verschieden voneinander sind, daß sie sich manchmal sogar zu widersprechen scheinen. Wenn wir etwa von der Unabhängigkeit der sukzessiven Auslosungen gesprochen haben, haben wir nichts über ihre Verteilung gesagt. Was wir wollen, ist, daß diese Verteilung gleichmäßig sei, das heißt, daß zum Beispiel bei der Quadratmethode alle Zahlen zwischen 0 und 9 999 mit derselben Häufigkeit vorkommen. Nun wissen wir schon, daß jede Serie von sukzessiven Auslosungen schließlich in einem stabilen Zyklus endet, der im allgemeinen so aussieht:

2 100, 4 100, 8 100, 6 100, 2 100

Diese vier Nummern erscheinen also mit der Häufigkeit 1/4, während die anderen gar nicht mehr vorkommen (Häufigkeit 0). Eine gleichmäßige Verteilung kann es also nur in einer Übergangsphase geben, in der der Computer noch keine Zeit gehabt hat, den Grenzzyklus zu erreichen, und in der man nur hoffen kann, daß die sukzessiven Auslosungen sich einigermaßen gleichmäßig auf die Nummern 0 bis 9 999 verteilen.

Man kann die Parameter *a* und *c* der arithmetischen Generatoren so einstellen, daß ihre Zyklen eine sehr lange Periode bilden. Man kann es sogar so einrichten, daß es nur einen einzigen Zyklus gibt, der nacheinander alle Punkte zwischen 0 und M - 1 berührt. Die Verteilung ist dann insofern gleichmäßig, als die M Zahlen von 0 bis M - 1 jeweils nur einmal pro Zyklus vorkommen und daher dieselbe Häufigkeit 1/M haben. Doch was der Computer in diesem Falle tut, besteht letzten Endes schlicht und einfach darin, daß er die M ersten Zahlen in einer anderen als der natürlichen Reihenfolge ausspuckt, und kann man bei einer derartigen Operation noch von Zufall sprechen? Auch hier ist der Zufall nur eine Vision des Betrachters; was uns die Abfolge der Zahlen als zufällig erscheinen läßt, ist unsere Unfähigkeit, eine Milliarde Zahlen oder mehr mit einem Schlag zu erfassen, verbunden mit der Unkenntnis der Regeln, nach denen der Computer sie sortiert. Ein scharfsichtigerer Beobachter könnte in der Verteilung der Zahlen vielleicht verborgene Regelmäßigkeiten entdecken, die darauf hindeuten, daß es sich überhaupt nicht um Zufall handelt.

Veranschaulichen wir uns die Sache an einem einfachen Beispiel! Angenommen, wir wollen einen Punkt in dem gleichmäßig besetzten Intervall (0, 1) auslosen. Dazu müssen wir zunächst bestimmen, mit welcher Präzision wir arbeiten wollen, beispielsweise 32 Bits. Dies besagt, daß der Computer nur Zahlen berücksichtigt, deren binäre Darstellung nicht mehr als 32 Zeichen umfaßt. An die Stelle des Intervalls (0, 1) tritt ein Gitter von $M = 2^{32}$ äquidistanten Punkten zwischen 0 und 1. Mit anderen Worten, man lost mit Hilfe eines arithmetischen Generators einen der Punkte aus:

$$X_{n+1} = aX_n + c \quad \text{modulo M.}$$

Die Konstanten *a* und *c* kann man so wählen, daß nur ein einziger Zyklus mit der Periode M entsteht, wodurch die M Punkte des Intervalls (0, 1) jeweils nur einmal pro Zyklus vorkommen. Man kann dann davon ausgehen, daß sie alle dieselbe Häufigkeit 1/M haben und daß man so eine gleichmäßige Auslosung auf dem Intervall (0, 1) sichergestellt hat.

Was geschieht jedoch, wenn man einen Punkt in einem Quadrat auslosen möchte, immer ausgehend von einer gleichmäßigen Verteilung? Angenommen, das Quadrat hat die Seitenlänge 1; dann wird

Ein Beispiel für einen arithmetischen Zufallsgenerator:

Es handelt sich hier um ein rudimentäres Modell, das es uns erlaubt, eine ganze Zahl zwischen 0 und 9 auszulosen. Ausgehend von $X = 0$ und iterativ verfahrend erhält man nacheinander:

$$\begin{array}{llll} X_0 = 0 & & X_6 & = 8 \\ X_1 = 3 & & X_7 & = 1 \\ X_2 = 6 & & X_8 & = 4 \\ X_3 = 9 & & X_9 & = 7 \\ X_4 = 2 & & X_{10} & = 0 = X_0 \\ X_5 = 5 & & X_{11} & = 3 = X_1 \end{array}$$

das heißt einen kompletten Zyklus, der alle ganzen Zahlen zwischen 0 und 9 durchläuft, allerdings in einer anderen als der natürlichen Reihenfolge. Der Computer merkt sich die letzte erhaltene Ziffer, und jedesmal, wenn man sie wieder aufruft, gibt er die nächste Ziffer in der Liste aus.
Mit Hilfe des Zufallsgenerators kann man einen Punkt auf dem Intervall (0, 1) »auslosen«. Hierzu ersetzt man das Intervall durch zehn äquidistante Punkte:

$$0 = \frac{0}{9}, \frac{1}{9}, \frac{2}{9}, \frac{3}{9}, \frac{4}{9}, \frac{5}{9}, \frac{6}{9}, \frac{7}{9}, \frac{8}{9}, \frac{9}{9}, \; = 1$$

die man auch geometrisch darstellen kann:

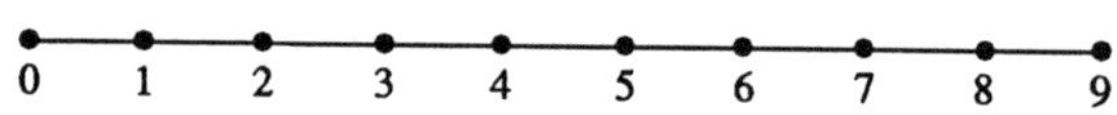

Wir ordnen diese Punkte so, wie wir die ganzen Zahlen geordnet haben, und erhalten eine Sukzessionsregel, die wir symbolisch darstellen können (jeder Punkt ist durch einen Pfeil mit seinem Nachfolger verbunden):

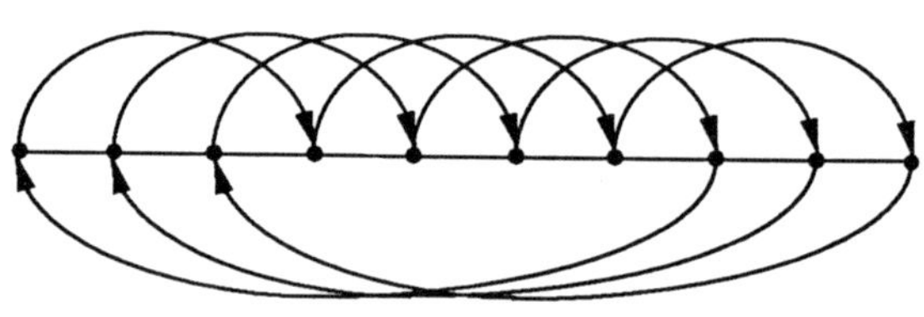

In zehn Sprüngen durchläuft man das ganze Intervall. Auch hier behält der Computer die letzte erreichte Position im Gedächtnis und führt den auf sie

$X_{n+1} = X_n + 3$ modulo 10

folgenden Sprung jedesmal aus, wenn er eine neue Position auslosen soll. Dieses Verfahren ist offenkundig nicht zufällig, hat aber doch so viele Eigenschaften einer Abfolge von unabhängigen und gleichmäßig verteilten Auslosungen, daß ein unaufmerksamer Beobachter sich leicht täuschen läßt.

Die Unzulänglichkeiten des arithmetischen Zufallsgenerators treten hingegen deutlich zutage, wenn man mit seiner Hilfe Punkte in einem Quadrat auslosen will. Das Quadrat [0, 1] × [0, 1] wird durch 10 × 10 = 100 Punkte ersetzt:

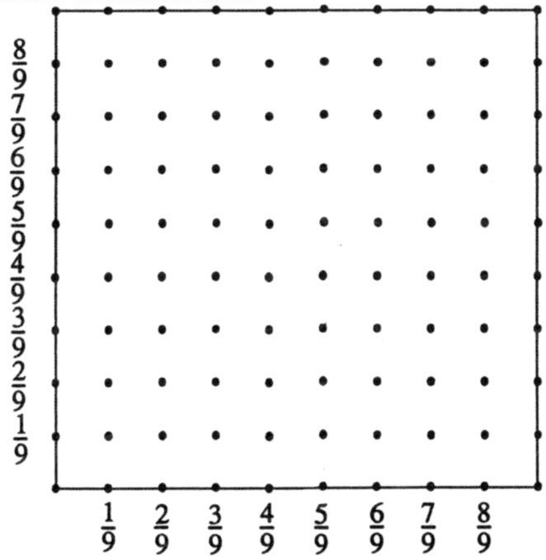

Nacheinander werden die beiden Koordinaten jedes Punktes »ausgelost«. Wenn etwa die horizontale Koordinate 0 ist, muß die vertikale Koordinate ein Nachfolger von 0/9 sein, sagen wir 3/9. Das ergibt insgesamt nur 10 Möglichkeiten bei 100 Punkten:

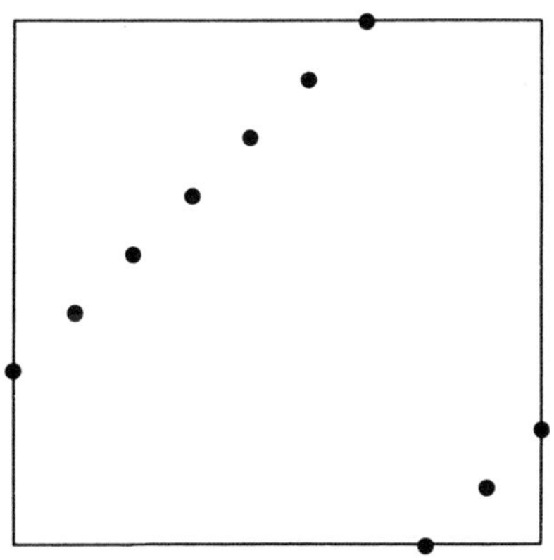

und diesmal wird sich niemand darüber täuschen lassen, daß diese Punkte nicht gleichmäßig verteilt sind. Die Auslosungen sind daher nicht unabhängig voneinander.

Die heute gebräuchlichen arithmetischen Zufallsgeneratoren können viel feinere Unterteilungen vornehmen und viel längere Zyklen erzeugen ($M \backsim 2^{32}$). Diese Zyklen existieren aber nun einmal und können zu unangenehmen Überraschungen führen.

jeder Punkt in dem Quadrat durch zwei Zahlen, x und y, dargestellt, die beide zwischen 0 und 1 liegen und der horizontalen Projektion (Abszisse) beziehungsweise der vertikalen Projektion (Ordinate) des Punktes entsprechen. Ersetzt man wie zuvor das Intervall (0, 1) durch M äquidistante Punkte, erhält man M Möglichkeiten für die horizontale Projektion x und M Möglichkeiten für die vertikale Projektion y, was $M \times M = M^2$ Möglichkeiten für den Punkt (x,y) entspricht. So erhält man schließlich M^2 Punkte, die gleichmäßig in dem Quadrat verteilt sind. Zum Auslosen eines dieser Punkte genügt es, nacheinander seine beiden Projektionen x und y auszulosen. Wenn diese Auslosungen unabhängig voneinander erfolgen und gleichmäßig verteilt sind, kann man jeden beliebigen Punkt mit derselben Wahrscheinlichkeit $1/M^2$ treffen.

Die beiden Auslosungen müssen jedoch unabhängig voneinander erfolgen, und das erlaubt es uns, den arithmetischen Zufallsgenerator zu überlisten. Wir losen mit seiner Hilfe die beiden Projektionen des gesuchten Punktes aus, zunächst die horizontale Projektion x, danach die vertikale Projektion y.

Diese beiden Auslosungen scheinen unabhängig voneinander zu sein. In Wirklichkeit wissen wir aber, daß sie es nicht sind, weil der Computer jede Auslosung aus der vorherigen und damit y aus x ableitet, nach der Formel:

$$y = ax + C \quad \text{modulo M}$$

Da er M Möglichkeiten für x hat, deren jede y vollständig determiniert, hat er auch für das Paar (x,y) nur M Möglichkeiten und nicht M^2, wie sie durch Zufall entstehen würden. Dem arithmetischen Zufallsgenerator sind nur M von M^2 Punkten des Quadrats zugänglich; das Verhältnis ist also $M/M^2 = 1/M$. Das heißt, daß eine überwältigende Mehrheit der Positionen ihm nicht zugänglich ist. Außerdem ist nicht gesagt, daß die M möglichen Punkte gleichmäßig im Quadrat verteilt sind. Man hat einen Zyklus von M Punkten konstruiert, der sich durch die Gesamtheit der M^2 Punkte zieht, und es ist durchaus möglich, daß dieser Zyklus sich auf bestimmte Teile des Quadrats konzentriert und andere völlig unberührt läßt.

Es gibt also eine Möglichkeit, um festzustellen, ob die gleichmäßig verteilten sukzessiven Auslosungen in (0, 1) auch unabhängig sind: Man gruppiert sie paarweise, um Punkte im Quadrat zu erhalten und zu prüfen, ob diese gleichmäßig verteilt sind. Wenn sie es sind, kann man nichts sagen; vielleicht würde eine Dreiergruppierung eine unregelmäßige Streuung der Punkte in einem Kubus ergeben und damit Korrelationen aufdecken, die uns bisher entgangen sind. Wenn sie es aber nicht sind, kann man festhalten, daß die untersuchten Auslosungen zusammenhängen, das heißt, daß das Resultat jeder Auslosung von den vorangegangenen abhängt.

Dies nennt man einen Unabhängigkeitstest. Ein arithmetischer Zufallsgenerator kann diesen Test durchaus mit Bravour bestehen: Man kann den Koeffizienten a und die ganze Zahl M (der Wert c hat keinen großen Einfluß) so wählen, daß die erhaltenen Punkte gleichmäßig in dem Quadrat verteilt zu sein scheinen. Aber es gibt noch andere Unabhängigkeitstests, und ein Zufallsgenerator, der sich durch den einen durchmogelt, kann bei einem anderen entlarvt werden. In der Tat hat jeder Test seine Favoriten, das heißt, daß er bestimmte Generatoren durchschaut, aber andere nicht. Die alte Redensart abwandelnd könnte man sagen: Ein Computer kann einen Test immer überlisten und alle Tests manchmal, aber er kann nicht alle Tests immer überlisten.

Das Problem besteht darin, daß ein arithmetischer Zufallsgenerator nicht über den unerschöpflichen Reichtum des wirklichen Zufalls verfügt. Wenn $X_1, X_2, \ldots, X_n$ unabhängige, gleich verteilte Auslosungen sind, dann kann man aus dieser Reihe jede zweite Auslosung entfernen, sie zu Zweiergruppen umsortieren oder sie vertauschen und erhält trotzdem immer wieder unabhängige, gleich verteilte Auslosungen, und sogar kompliziertere Transformationen wie $X_1^2, X_2^2, \ldots, X_n^2$, bei denen jedes Resultat ins Quadrat erhoben wird, ergeben immer wieder unabhängige Auslosungen, in einer Verteilung, die nicht mehr einheitlich ist, die man aber berechnen kann. Wenn dagegen ein arithmetischer Zufallsgenerator eine gleich verteilte Folge $X_1, X_2, \ldots, X_n$ konstruiert, ist nicht gesagt, daß man durch Umsortieren der Glieder zu Zweiergruppen eine auf der Ebene gleichmäßig verteilte Folge erhält, oder daß die Glieder sich nach der Quadrierung mit der gewünschten Gesetzmäßigkeit verteilen. Man kann das gewiß bei der Konzeption des Zufallsgenerators in sein Pflichtenheft aufnehmen, aber gilt das dann auch für das Umsortieren zu Dreiergruppen oder die Folge von Kubikzahlen X_1^3, X_2^3, ..., X_n^3? Und was geschieht, wenn wir auf die Idee kommen, die Reihenfolge der Glieder zu ändern? Wird sich die erhaltene Zahlenfolge wie eine zufällige verhalten? Man kann dem Zufallsgenerator wohl diese zusätzlichen Einschränkungen und noch andere auferlegen, aber es besteht immer die Gefahr, daß er, einmal in Betrieb, einem Test ausgesetzt wird, den man nicht berücksichtigt hat, so daß er sich verrät. Der Zufall seinerseits überspringt spontan alle Hindernisse, egal, welche man ihm auch in den Weg gelegt haben mag.

In diesem Stadium der Reflexion, wo wir uns klarmachen, daß auch die leistungsfähigsten Computer nicht imstande sind, alle jene Eigenschaften zu produzieren, die wir spontan dem Zufall zuschreiben, kommen uns wieder Bedenken. Gibt es den Zufall wirklich, oder unterliegen wir nur einer Täuschung? Vielleicht handelt es sich nur um eine von ihrem Wesen her rein mathematische Vorstellung, um eine Idealisierung der Wirklichkeit, so wie die unendliche Gerade, die keine Breite hat, in der Geometrie nur eine Idealisierung der im Schulheft gezogenen Linie ist.

Der Praktiker seinerseits stellt sich diese Frage nicht mehr. Der Physiker, der mit der Monte-Carlo-Methode ein Integral berechnen will, hat nicht den Ehrgeiz, den Zufall generell nachzuahmen. Die Zahlenreihe, die der Computer ausspuckt, interessiert ihn nur insoweit, wie sie ihm möglichst schnell eine gute Annäherung an den gesuchten Wert liefert. Er wird im allgemeinen in einem Raum der Dimension N arbeiten, wobei N groß ist. Für ihn kommt es darauf an, daß bei einer Zusammenfassung der Auslosungen zu Paketen von N Zahlen jeweils Punkte herauskommen, die in diesem Raum gleichmäßig verteilt sind. Dafür interessiert den Physiker wenig, was bei Unabhängigkeits- oder Verteilungstests herauskommt, die mit seinem eigenen Problem nichts zu tun haben. Ja, der Benutzer wird von den unendlichen Eigenschaften einer Folge von unabhängigen und derselben Gesetzmäßigkeit gehorchenden Auslosungen nur diejenigen berücksichtigen, die ihn unmittelbar interessieren, und seinen arithmetischen Zufallsgenerator dementsprechend einrichten; das

Endresultat wird manchmal verschwunden sein, bevor der Zufall eintritt.

Es ist auch eine andere Einstellung möglich. Man kann zur Kenntnis nehmen, daß der Mensch unfähig ist, wirkliche Zufallsfolgen zu konstruieren, und den Zufall dort suchen, wo er zu finden ist, nämlich in der Natur. Aus diesem Grund verbinden manche »Zufalls«-Generatoren von Zahlen ein arithmetisches Verfahren von der Art der oben beschriebenen mit einem Rückgriff auf die Uhr, die heute in jeden Computer eingebaut ist. Es genügt, bei der Berechnung in gewissen Abständen die Uhrzeit abzufragen und in irgendeiner Weise in die Operationen einzubauen. So kann man beispielsweise als Ausgangspunkt X_0 eines arithmetischen Zufallsgenerators die in Sekunden ausgedrückte Zeit nehmen, die seit dem 14. Juli 1900, 17 Uhr, vergangen ist. Auf diese Weise kommt der natürliche Zufall dem künstlichen zu Hilfe. Diesen Rekurs auf die Außenwelt kann man noch viel weiter treiben. Die Konstruktion eines arithmetischen Generators, der diesen Bedürfnissen gerecht wird, ist eine schwierige Aufgabe, und die Benutzung der im Handel erhältlichen Software ist auch nicht ohne Risiko. Man könnte daher versucht sein, Tafeln mit Zufallszahlen zu benutzen, die durch experimentelle Montage und nicht durch einen mathematischen Algorithmus ermittelt wurden. Die ersten derartigen Tafeln stammten aus der Demographie, doch wandte man sich sehr bald physikalischen Hilfsmitteln zu. So veröffentlichte die RAND-Corporation 1955 eine Liste mit einer Million Zahlen, denen ein elektronisch erzeugtes Geräusch zugrunde lag. Leider stellte sich einige Jahre später heraus, daß bei der Montage Fehler unterlaufen waren, die die Ergebnisse verfälschten und die Unabhängigkeit der sukzessiven Auslosungen beeinträchtigten. Dem Zufall mit einem physikalischen Mechanismus auf die Spur zu kommen, ist also, wie man sieht, nicht wesentlich einfacher, als einen mathematischen Algorithmus zu benutzen, vor allem, wenn es darum geht, sehr lange Reihen von Zufallsauslosungen zu produzieren.

Wir stecken also in der Sackgasse – wie die beiden Könige in der Geschichte von Thorstein dem Geschichtskundigen, als dreimal hintereinander die Sechs gefallen ist und die Sache mulmig wird. An dieser Stelle greift der Zufall ein, stürzt das Bild um, das wir uns von der Situation gemacht haben, sprengt den allzu engen Rahmen unserer Erwartungen und erzeugt etwas absolut Neues, so wie Alexander den Gordischen Knoten zerschlug. Die Wirklichkeit läßt die Maske fallen, das Untrennbare zerbricht in zwei Teile, und die Zahl, die nur eine 1 oder eine 6 sein konnte, ist auf einmal eine 7. Die Natur spottet unser und verweist uns an den Rand einer Welt, die sich unseren Blicken entzieht und in der wir nichts als lächerliche Fremdlinge sind.

Das ist das Gefühl, das die Physiker seit der wissenschaftlichen Revolution empfunden haben, die mit der Entdeckung der Radioaktivität begonnen hat, als sich so vieles scheinbar Selbstverständliche als Trugschluß herausstellte. Kaum war das Atom als Hauptbestandteil der Materie etabliert, als Grund-Einheit, die schon in ihrem Namen Unteilbarkeit signalisiert – da zeigte sich, daß das Atom aus Elektronen besteht, die um einen Kern kreisen, der seinerseits unverzüglich in Neutronen und Protonen zerfällt. Zugleich erkannte man sehr bald, daß man immer noch nicht an die eigentliche, letzte Wirklichkeit gerührt hatte. In immer stärkeren Beschleunigern zerlegte man Protonen und Neutronen und konnte in ihren Überresten andere Teilchen nachweisen, die auch »elementar« waren – Pions, Lambdas, Sigmas, Rhos –, bis heute insgesamt über 400. In den siebziger Jahren entstand die Quanten-Chromodynamik, die in dieser Überfülle noch elementarere Bestandteile der Materie nachwies, die Quarks. Bestimmte Teilchen (die Baryonen) zerfallen in drei Quarks, andere (die Mesonen) in ein Quark und ein Antiquark. Zum Zeitpunkt der Niederschrift dieses Buches sind fünf verschiedene Quarks bekannt, und man vermutet, daß es noch ein sechstes gibt, was der Phantasie schon freien Lauf läßt. Übrigens gibt es sechs andere Teilchen mit dem Spin 1/2 (die Leptonen), die nicht in Quarks zerfallen, namentlich das Elektron und die Neutrinos. Geht man zu Teilchen mit dem Spin 1 über, so findet man ein Dutzend weiterer, nämlich das Photon, die Gluonen (acht) und die W (drei). Man hat es also mit 26 elementaren Bestandteilen zu tun, die in verschiedener Kombination alle Varianten von beobachteten Teilchen erklären müßten, und im Augenblick scheint das Bild komplett zu sein – bis zu dem Zeitpunkt, wo eine anspruchsvollere Theorie das Bild über den Haufen wirft. Noch haben die Physiker ihrem Traum von der »Großen Universal-Theorie« nicht abgeschworen, einer Theorie, die die Quantenmechanik mit der Allgemeinen Relativitätstheorie unter einen Hut bringen soll, und jeder Schritt in diese Richtung hat eine tiefgreifende Veränderung der Landschaft zur Folge.

Immer wenn wir glauben, den eigentlichen, letzten Bestandteil der Realität in Händen zu halten, den Urbaustein, aus dem der Kosmos gemacht ist, zerfällt er in Stücke wie der Würfel des Königs Olaf. Platoniker erinnert das unweigerlich an die achte Hypothese des Parmenides. Prosaischer ausgedrückt ist es eine Jagd, bei der sich das Wild ständig dem Jäger entzieht, wie in jenen Zeichentrickfilmen, in denen man sich alle Mühe gab, den Jäger lächerlich zu machen. Man kann dem Jäger seine Nervosität nachfühlen und begreift, warum er mit Lust immer raffiniertere Fallen aufstellt, um seine Peiniger endlich doch zu Fall zu bringen. Wir wissen genau, daß alle seine Bemühungen vergeblich sind und daß er wieder einmal als der Dumme dastehen wird, aber er glaubt so sehr an sein Glück, und es fehlt jedesmal so wenig, daß die Grausamkeit und der Einfallsreichtum, womit der Cartoonist die erfolgversprechendsten Situationen zu seinen Ungunsten umschlagen läßt, uns den Atem verschlagen und Bewunderung abnötigen. Wir wissen also mit Kennerschaft das Geschick zu schätzen, womit die Natur sich uns entzieht, besonders in der Art und Weise, wie sie den Zufall einsetzt, um sich zu verstecken.

Von der Ebene des Moleküls abwärts betreten wir das Reich der Quantenmechanik. Zwar reicht diese verschiedentlich auch in den makroskopischen Bereich, und Erscheinungen wie Supraflüssigkeit und Supraleitfähigkeit sind von daher Bestandteil unserer Wahrnehmung. Die Theorie präsentiert sich als Diptychon, dessen einer Flügel rein deterministisch ist. Er zeigt die Evolution isolierter physikalischer Systeme. Jedes System wird durch einen Zustandsvektor in einem Raum von unendlicher Dimension dargestellt – einem Hilbert-Raum. Es ist die Besonderheit der Quantenmechanik, daß sie einen derartigen Raum verwendet, um den Zustand eines isolierten physikalischen Systems zu beschreiben, und den Physikern fiel es schwer, sich daran zu gewöhnen. Das Manko kommt vor allem in der Terminologie zum Ausdruck, wo der »Zustandsvektor« sich nur mit Mühe gegen sein Synonym »Wellenfunktion« behauptet. Die Evolution selbst ist jedoch rein deterministisch und wird von einer Differentialgleichung – der Schrödinger-Gleichung – bestimmt, die sich daher in einem Hilbert-Raum anstelle der gewohnten Räume von endlicher Dimension bewegt. Strenggenommen dürfte man nur mit einer einzigen Wellenfunktion arbeiten, nämlich der des gesamten Universums, doch ist man übereingekommen, sich wie in der klassischen Physik mit Annäherungen zu begnügen und lediglich gewisse Subsysteme in Betracht zu ziehen, die zumindest momentan isoliert sind und daher ihre eigene Wellenfunktion – Teilchen, Atome und Moleküle – aufweisen. Der andere Flügel des Diptychons ist rein probabilistisch. Er zeigt die Operationen des Messens. Eine physikalische Größe (Lage, Geschwindigkeit, Energie, Zeitpunkt) messen heißt, das betrachtete physikalische System vom ersten Flügel auf den zweiten zu übertragen. Das Resultat der Messung trägt den Charakter eines Losentscheids. Genauer gesagt, man kann den Zustandsvektor als Summe von Komponenten analysieren, von »Eigenzuständen« der betrachteten Größe, die jeweils einem von dieser Größe wohldeterminierten Wert entsprechen. Die Meßoperation hat mysteriöserweise den Effekt, das System auf einen dieser Eigenzustände zu projizieren; es ist eine nach präzisen Regeln durchgeführte Auslosung, die hierüber entscheidet. Der ausgeloste Eigenzustand bestimmt den Wert, den das Instrument registriert, und wird nach der Messung zu dem des ganzen Systems.

Die Quantenmechanik wäre also rein deterministisch, wenn es keinen Beobachter gäbe. Wir selbst sind es, die dadurch, daß wir eine Erkenntnis gewinnen wollen und eine Messung vornehmen, die Evolution des Systems stören und ein zufälliges Element hineinbringen. Darum ist es unmöglich, das Resultat einer einzigen Messung vorauszusehen. Die Theorie erlaubt bestenfalls, *a priori* sämtliche möglichen Resultate und ihre jeweilige Wahrscheinlichkeit zu berechnen. Das soll nicht heißen, daß die Quantenmechanik nicht präzise wäre oder nicht gewisse Voraussagen erlaubte. Nur sind diese Voraussagen statistischer Natur und beruhen auf einer großen Anzahl von Messungen oder auf makroskopischen Phänomenen, was indes eine große Präzision nicht ausschließt. So hat das magnetische Moment des Elektrons einen experimentellen Wert von 1,001 159 652 21 (mit einer Ungewißheit in der Größenordnung 4 in bezug auf die letzte Ziffer) und einen theoretischen (also *a priori* errechneten) Wert von 1,001 159 652 46 (mit einer fünfmal größeren Ungewißheit). Das entspricht einer Genauigkeit von 4×10^9, also etwa der Abweichung von einem Millimeter bei einer Strecke von 4 000 Kilometern.

Überhaupt ist diese Theorie seltsam. Untersuchen wir zum Beispiel die Ortsveränderung des Photons. Wir haben das Photon an einem Punkt S (Sender) losgeschickt und finden es am Punkt E (Empfänger) wieder; zwischen beiden Punkten befindet sich ein Wandschirm mit zwei Löchern A und B. Die geometrische Optik sagt uns, daß der Punkt E, um bei Licht betrachtet werden zu können, in gerader Linie entweder mit S und A oder mit S und B verbunden sein muß. Die Quantenmechanik belehrt uns jedoch darüber, daß ein vom Punkt S ausgehendes Photon *immer* mit einer gewissen Wahrscheinlichkeit den Punkt E treffen wird, unabhängig von der Position der Löcher und auch ohne gerade Linie zwischen S und E. Genau das kann man beobachten, wenn die Löcher bei A und B hinreichend klein sind. Das widerspricht natürlich der normalen intuitiven Vorstellung, wonach das Photon ein Körper ist, der sich geradlinig fortbewegt; aber das ist noch nicht einmal der erstaunlichste Aspekt der Sache. Das Photon, das wir in E antreffen, hat mit einer gewissen Wahrscheinlichkeit das Loch A passiert und mit einer gewissen Wahrscheinlichkeit das Loch B; aber welchen Weg es wirklich genommen hat, werden wir niemals mit Sicherheit bestimmen können. Da es sich um ein prinzipiell unteilbares Elementarteilchen handelt, scheint die Frage nach dem Weg, den es genommen hat, naheliegend. Trotzdem hat sie, wenn man den Experimenten trauen darf, keinen Sinn, da man am Punkt E Interferenzmuster nachweisen kann, deren einzig mögliche Erklärung die ist, daß das Photon gleichzeitig durch A *und* durch B gegangen ist. Versucht man eine Antwort zu erzwingen und dem Photon eine Falle zu stellen, indem man beispielsweise in A und in B zwei Detektoren aufstellt, die den Durchgang des Photons registrieren, so stellt man fest, daß es nunmehr seinen Weg *entweder* durch A *oder* durch B nimmt (es wird nur einer der beiden Detektoren aktiviert), während die Interferenzen verschwunden sind!

Die Zwischenschaltung eines zusätzlichen Meßinstruments verändert also das Phänomen. Mit dem Versuch, das Photon in A oder in B zu lokalisieren, zwingt man das System in einen Zustand, der seiner spontanen Evolution fremd ist, und führt damit ein Zufallselement ein. Man könnte sagen, daß, um zu einer Messung zu gelangen, eine dermaßen komplexe Wechselwirkung zwischen dem System und dem Beobachter notwendig ist, daß Parameter, die dem einen wie dem anderen fremd sind – jedoch in der Wellenfunktion des Universums dargestellt sind –, eine entscheidende Rolle spielen und daß das Resultat nur auf statistische Weise erfaßt werden kann. Das ist nur eine Hypothese, vielleicht sogar nur eine Metapher. Sicher ist nur eins: In der Quantenmechanik bedeutet messen – losen.

Die Frage, die sich aufdrängt, lautet: »Gut und schön, aber wer zieht das Los?« Der Beobachter ist es nicht, und das Teilchen wahrscheinlich auch nicht. Es gibt eine mögliche Antwort, aber sie wird nicht jedermann gefallen: Man braucht, wie Niels Bohr, die Frage einfach nicht zu stellen. Wenn man sie aber stellt – Einstein hat es getan – und wenn man davon ausgeht, daß Gott nicht würfelt, steckt man in einer Sackgasse – es sei denn, man weist nach, daß dieses Auslosen selbst nur eine Illusion ist.

So erklären sich die Bestrebungen Einsteins und seiner Schüler, die Existenz »verborgener Variablen« in der Quantenmechanik nachzuweisen. Die These, die Einstein bis an sein Lebensende verteidigt hat, lautet, daß uns nur gewisse jener Variablen zugänglich sind, die den Zustand eines Quantensystems bestimmen. Wenn wir sie alle beobachten könnten, könnten wir – zumindest für kurze Zeit – die Evolution des Systems und das Resultat jeder beliebigen Messung voraussagen. Aber gewisse Variablen sind uns eben verborgen, und diese Unkenntnis erzeugt in uns die Illusion eines Zufalls – so wie ein Beobachter, der unter einem durchsichtigen Tisch sitzt und ein Kartenspiel verfolgt, nur die Rückseite der Karten sieht und den Gang des Spiels nicht verstehen kann.

Die Theorie der verborgenen Variablen ist niemals auch nur im entferntesten bestätigt worden, auch wenn Einstein fest von ihr überzeugt war. Auf der begrifflichen Ebene haben von Neumann und etliche andere zu zeigen versucht, daß diese Theorie mit den Grundlagen der Quantenmechanik unvereinbar ist. Sie sind zwar nicht bis zu deren absoluter Unmöglichkeit vorgedrungen, aber sie haben doch festgestellt, daß eine derartige Theorie Eigenschaften haben müßte, die mindestens ebenso paradox sind wie die der Quantenmechanik. Auf experimenteller Ebene haben Einstein, Podolski und Rosen einen Ansatz gezeigt, der im Laufe der Jahre – vor allem dank Bells Entdeckung gewisser Ungleichungen, die verletzt würden, wenn es in der Tat verborgene Variablen gäbe – zu realisierbaren Versuchen geführt hat. Alle diese Versuche sind negativ ausgegangen. Wir müssen uns daher mit der Idee anfreunden, daß der Zufall, der in die Quantenmechanik eingreift, nicht auf einen zugrundeliegenden Determinismus reduzierbar ist. Der makroskopische Determinismus, der in unserem Maßstab wirkt, ist auf den Quantenzufall reduzierbar, und zwar dank statistischer Gesetze, die für eine immense Zahl von Teilchen gelten. So scheint der Zufall das fundamental Gegebene, die eigentliche Botschaft der Natur zu sein.

So sehen wir uns also auf irgendeine enorme Maschine verwiesen, die Elementarteilchen erspäht. Vielleicht kommt einmal die Zeit, da es gelingt, den Quantenzufall zu zähmen und in Miniaturvorrichtungen, wie man sie in Taschenrechnern oder Spielautomaten findet, ganz auszuschalten. Der Rechner wie der Spieler werden dann Zugriff zu derselben Quelle eines reinen und nicht veränderbaren Zufalls haben. Aber dieser gezähmte Zufall kann uns nicht mehr in Erstaunen versetzen; wir warten nur auf die Wahl unter mehreren Ergebnissen, die wir im vorhinein kennen. Die Ergriffenheit vom Unvorhergesehenen, die Freude, den Horizont sich plötzlich erweitern zu sehen, die Ahnung von den Gefahren, die in diesen neu entdeckten Ländern lauern – alle diese Gefühle, die uns überfallen, wenn wir den Würfel zerspringen und die Sieben zum Vorschein kommen sehen, müssen wir in unserer Geschichte und nicht in neuen Technologien suchen.

2
Schicksal

König Olaf ging nach Tonsberg und hielt wieder ein Thing, und dort verkündete er, alle Männer, von denen bekannt und sicher sei, daß sie Zauberei oder Hexerei oder die Kunst des *seiðr*[1] betrieben, müßten das Land verlassen. Danach ließ der König auf den nahegelegenen Höfen nach solchen Leuten forschen und befahl sie alle zu sich. Als sie kamen, war da ein Mann unter ihnen, der hieß Eyvind Quelle. Er war ein Enkel von Rögnvald Geradebein, des Sohnes von Harald Schönhaar. Eyvind war ein ganz besonders kundiger Zauberer. König Olaf ließ die Männer in eine Halle bringen und ließ dort alles schön herrichten. Er veranstaltete ein Gelage für sie und ließ ihnen starke Getränke bringen. Und als sie betrunken waren, ließ Olaf Feuer an die Halle legen, und die Halle verbrannte mit allen, die darin waren. Nur Eyvind Quelle konnte durch die Dachluke entkommen und sich retten.

Als er schon weit weg war, begegnete er einigen Männern, die auf dem Weg zum König waren, und er bat sie, Olaf auszurichten, daß Eyvind Quelle aus dem Feuer entkommen sei und niemals wieder in die Gewalt des Königs geraten werde. Und er werde seine Künste weiter treiben wie bisher. Als nun diese Männer zu König Olaf kamen, da berichteten sie ihm, was Eyvind ihnen aufgetragen hatte. Der König war sehr ungehalten darüber, daß Eyvind am Leben geblieben war.

Als der Frühling nahte, zog König Olaf zum Oslofjord und veranstaltete auf seinen großen Höfen Gelage. Er ließ überall um den Fjord verkünden, er wolle im Sommer ein Heer ausheben und damit in den Norden des Landes ziehen. Dann zog er nordwärts nach Agder. Gegen Ende der Osterfastenzeit zog er weiter nach Norden bis nach Rogaland und kam am Abend vor Ostern nach Ögvaldsnes auf der Insel Karmö. Er hatte fast dreihundertsechzig Mann bei sich.

In derselben Nacht kam auch Eyvind Quelle auf der Insel an. Er hatte ein voll besetztes Langschiff[2] mit lauter Zauberern und anderen zauberkundigen Leuten. Eyvind ging mit seiner Gefolgschaft an Land, und dort trieben sie ihre Zauberkünste. Er verbarg sie alle in einer Wolke und in dichtem Nebel, damit der König und seine Leute sie nicht sehen konnten. Aber als sie nahe an den Hof auf Ögvaldsnes herangekommen waren, da wurde es heller Tag, und nun verlief alles ganz anders, als Eyvind es geplant hatte. Die Dunkelheit, die er mit Zauberei hervorgerufen hatte, kam über ihn und sein Gefolge, so daß sie nicht weiter sahen als bis zum Nacken des Vordermannes und kreuz und quer in die Irre gingen.

Die Wachen des Königs sahen sie umherirren und wußten nicht, was für eine Schar das war. Man berichtete dem König davon, und er stand mit seinem Gefolge auf, und sie kleideten sich an. Als der König sah, wie Eyvind und seine Leute da umherirrten, befahl er seinen Männern, sich zu bewaffnen und nachzusehen, was für Männer das seien. Als sie aber Eyvind erkannten, nahmen sie ihn mit seiner ganzen Gefolgschaft gefangen und brachten sie alle vor den König. Da berichtete Eyvind von seiner Reise. Danach ließ der König sie alle auf eine Schäre bringen, die bei Flut unter Wasser stand, und sie dort festbinden. So kam Eyvind mit allen seinen Leuten ums Leben. Seitdem heißt die Schäre Skrattasker, die Zaubererschäre.[3]

Diese finstere Geschichte kennt in Norwegen jedes Kind. Die klassische Ausgabe der *Heimskringla*, die ich von meinem Großvater geerbt habe, enthält dazu eine Illustration von Eilif Peterssen. Sie zeigt Eyvind im Profil, wie er – sein ganzes Leben in seinem Blick gesammelt – den Wellen trotzt, während seine Gefährten sich dem Willen des Meeres überlassen und in der Ferne Erde, Wasser und Himmel in einem unbestimmten Horizont verfließen. Noch heute frage ich mich, was Eyvind in diesem Augenblick gedacht haben mag – der an den Fels gefesselte Prometheus in Erwartung des Meeres, das nur ein einziges Mal kommen würde. Empfand er mehr als Rachedurst und Mitleid mit seinen Gefährten? Erhob sich sein Geist in dieser Grenzsituation zu großen metaphysischen Spekulationen?

Stellte er sich ewige Fragen? Warum ist alles so und nicht anders? Warum ist überhaupt etwas und nicht vielmehr nichts?

Nach der unsterblichen Definition Wittgensteins[4] ist die Welt »alles, was der Fall ist«, also alles, was da ist, was stattfindet, was man feststellt. Unsere erste Erfahrung ist die Erfahrung der Kontingenz. Der Felsen ist da, an den ich gebunden bin, er ist ganz real da, ebenso wie das immer höher steigende Wasser. Das alles ist meine Welt, in der ich mich einrichten muß. Das Kind, trunken vor Entdeckerglück, fragt immer aufs neue nach dem Warum; das weise gewordene Alter meditiert und antwortet:

> Die Ros' ist ohn warumb
> sie blühet weil sie blühet
> Sie achtt nicht jhrer selbst
> fragt nicht ob man sie sihet.[5]

Aber ist diese Kontingenz durchgängig, oder läßt sie wenigstens teilweise der Sinngebung Raum? Können wir uns damit begnügen, festzustellen, »was der Fall ist«, oder müssen wir nach einem Grund suchen? Folgen die Ereignisse zufällig aufeinander, oder gehorcht die Welt bestimmten Regeln, die wir entdecken und nutzen können? Oft genug gefällt uns die Ordnung der Dinge nicht, und es gibt sogar Menschen, die ihr Leben dafür lassen, um diese Ordnung zu ändern; die Suche nach dem Sinn ist also ein Bestandteil des menschlichen Lebens. Aber bevor wir die Diskussion auf diese Ebene heben, wollen wir uns den Anfängen zuwenden, dem Auftreten des Lebens auf der Erde und dem Baum der Evolution, an dem der *Homo sapiens* ein vielleicht nur flüchtiger Trieb ist. Er deutet auf eine erste Antwort: Jede ökologische Nische ist eine Oase der Regelmäßigkeit, in der die verschiedenen Arten sich gemäß einer strengen Logik verwirklichen. Seit der erste Zweibeiner Feuer gemacht hat, nutzt die menschliche Gattung die Ressourcen ihres Gehirns, um Regelmäßigkeiten in der Welt auszumachen und diese mit Vorteil zur Verdrängung anderer Lebensformen einzusetzen. Die Suche nach dem Sinn steht immer im Dienst eines Handelns, das zudem meist aggressiv ist. Es ist daher für die menschliche Vernunft eine schwierige Aufgabe, sich über die unmittelbaren Notwendigkeiten des Handelns zu erheben, und es ist nicht einmal klar, ob sie dieser Aufgabe gewachsen ist.

Versuchen wir trotzdem unser Glück und bemühen wir uns, uns in die Lage des *Homo sapiens* zu versetzen. Seine Sinnesorgane übermitteln an das Gehirn einen kontinuierlichen Fluß von Informationen, die es verarbeiten muß. Auf eine Art und Weise, die wir absolut nicht verstehen, analysiert das Gehirn diese Informationen, abstrahiert daraus typische Situationen und extrapoliert sie in der Zeit. So nahm die Retina des *Homo sapiens* in der Ursteppe ein Bündel von Photonen auf, aus denen sein Gehirn einen Komplex von Formen herausfilterte, unter denen es auch die Form eßbarer Pflanzen erkannte. Daraufhin befahl es dem *Homo sapiens*, diese Wurzel auszugraben, und setzte jene komplizierte Prozedur in Gang, an deren Ende schließlich – zerstampft, gewaschen und gekocht – ein konsumierbares Lebensmittel stand.

Eine derartige Handlung beruht auf einer praktisch unbegrenzten Zahl von Regeln, die in der Vergangenheit beobachtet worden sind und in die Zukunft projiziert werden, sowie auf der Fähigkeit, in der Gegenwart Situationen wiederzuerkennen, auf die diese Regeln anwendbar sind. Die Gesamtheit dieser Regeln ergibt den – zumindest operativen – Sinn, den wir der Welt geben. Wenn wir sagen, die Welt habe überhaupt keinen Sinn, so bedeutet das, daß wir in ihr keine wie immer geartete Regel entdecken, daß wir die Vergangenheit nicht verstehen und die Zukunft nicht voraussagen können; es ist die totale Kontingenz, die mit der wie immer auch prekären Existenz eines individuellen Bewußtseins nur schwer vereinbar zu sein scheint. Wenn wir hingegen sagen, die Welt habe Sinn, so bedeutet das, sofern uns dieser Sinn vollkommen begreiflich ist, daß Vergangenheit und Zukunft wie ein offenes Buch vor uns daliegen. Die Wahrheit liegt in der Mitte, das heißt, daß wir punktuell Sinn entdecken, was es uns erlaubt, in bestimmten Richtungen zu agieren, während uns in anderen Richtungen der Sinn der Welt verborgen bleibt.

Wir wollen uns die Situation mit einem sehr einfachen Beispiel veranschaulichen. Stellen wir uns vor, die sensorische Information werde dem Gehirn in Form einer kontinuierlichen Folge von Bits übermittelt, das heißt als 0 oder 1:

0 0 1 0 1 0 0 0 1 1 0 1 1 0 . . .

Das Gehirn ersetzen wir durch einen kleinen Maxwellschen Dämon. Dieser Dämon erhält keine anderen Informationen als die, die ihm durch sensorische Kanäle zugehen, wobei er in jedem Augenblick der bereits bekannten Kette von Bits ein neues Bit hinzufügt. Da es sich um einen Dämon handelt, hat er das ewige Leben. Am Ende aller Zeiten wird er daher eine unendliche Folge von Nullen und Einsen akkumuliert haben, und wir stellen ihm nun die Frage, ob unsere Welt einen Sinn hat.

Durch diese Art der Fragestellung werden einige wesentliche Probleme unterschlagen, namentlich das Problem der Wahrnehmung (wie ordnet das Gehirn die ihm zugehenden Informationen?) und das Problem des Handelns (das mit der Wahrnehmung zusammenhängt, denn das Gehirn nimmt nicht passiv Informationen auf, sondern veranlaßt als deren Folge Handlungen, namentlich um die empfangenen Informationen zu bestätigen oder um neue zu suchen). Immerhin hat sie den Vorteil, daß man mit einer Antwort rechnen kann.

Wohlgemerkt: Wenn die unendliche Kette von Bits, die unser Dämon im Laufe der Zeit beobachtet hat, sich als konstant erweist und entweder durchgehend nur aus Nullen

0 0 0 0 0 0 0 . . .

oder durchgehend aus Einsen besteht

1 1 1 1 1 1 1 . . .,

beantwortet der Dämon unsere Frage nach dem Sinn der Welt unverzüglich positiv.

Dasselbe gilt für eine periodische Folge, in der die Werte Null und Eins einander regelmäßig abwechseln:

0 1 0 1 0 1 0 1 . . .

oder

0 0 1 0 0 1 0 0 1 . . .

In diesen Fällen ist das Universum besonders einfach und transparent.

Im letzteren Fall belaufen sich die physikalischen Gesetze auf drei:

nach 1 kommt 0
nach (1, 0) kommt 0
nach (0, 0) kommt 1

Ist die Zahlenfolge weder konstant noch periodisch, wird unser Dämon versuchen, sie auf einige einfache Regeln zurückzuführen. Diese Regeln können sehr durchsichtig sein, wie bei diesen Zahlenfolgen:

0 1 0 0 1 1 0 0 0 1 1 1 0 0 0 0 1 1 1 1 0 0 0 0 0 . . .

(auf eine Null folgt eine Eins, auf zwei Nullen folgen zwei Einsen, auf drei Nullen drei Einsen usw.) oder:

0 1 0 0 0 1 1 0 1 1 0 0 0 0 0 1 0 1 0 0 1 1 1 0 0 1 . . .

Die letztgenannte Zahlenfolge hat D. G. Champernowne in die mathematische Literatur eingeführt.[6] Sie wird dadurch gebildet, daß man nacheinander sämtliche möglichen Kombinationen von 0 und 1 niederschreibt, und zwar zunächst die einstelligen (0 und 1), dann die zweistelligen, dann die dreistelligen und so fort. Alle diese Kombinationen werden in lexikographischer Reihenfolge niedergeschrieben, das heißt, bei Kombinationen von gleicher Länge beginnt man zunächst mit jenen, die nur aus Nullen bestehen – 0 0 . . . 0; dann ersetzt man die letzte Stelle durch eine Eins, um bei der Folge 1 1 . . . 1 zu landen. Man beginnt mit 0, dann kommt die 1 (einstellige Kombinationen), danach schreibt man 0 0, 0 1, 1 1 nieder (zweistellige Kombinationen), anschließend folgen der Reihe nach die dreistelligen, vierstelligen, fünfstelligen, sechsstelligen Kombinationen und so fort.

Eine gegebene Kombination aus 0 und 1 erscheint in der Folge nicht nur einmal, sondern unendlich viele Male. So erscheint 1 0 zunächst an seiner entsprechenden Stelle, als dritte Kombination aus zwei Ziffern. Es erscheint aber auch schon davor, aus der Verbindung der 1 mit der ersten Ziffer von 0 0, und danach, nämlich in den dreistelligen Kombinationen 0 1 0, 1 0 0 und 1 1 0. Es wird aber auch in den vier-, fünf-, sechs- und allen höherstelligen Kombinationen auftauchen – wie weit man die Reihe auch fortsetzen mag. Man kann sogar beweisen, daß, wenn man zwei aufeinanderfolgende Bits als Botschaft betrachtet (wonach es vier mögliche Botschaften gibt: 0 0, 0 1, 1 0, 1 1), die Häufigkeit der Botschaft 1 0 in dieser unendlichen Folge 1/4 beträgt.

Die Champernownsche Zahlenfolge weist also alle klassischen Merkmale einer Folge von Auslosungen mit einer Münze – Kopf oder Zahl – auf: Jede Botschaft tritt mit einer Häufigkeit auf, die allein von ihrer Länge abhängt. So gibt es hier zwei Botschaften von der Länge 1, 0 und 1, die jeweils mit der Häufigkeit 1/2 auftreten. Die gesammelten Werke Victor Hugos, in Bits übersetzt, bilden eine Botschaft von der Länge 10^9, das heißt eine Milliarde Bits, die, wie alle Botschaften von dieser Länge, mit der Häufigkeit 1/(1 000 000 000 × 999 999 999 × .... × 3 × 2) auftreten. Diese Häufigkeit ist so gering, daß das entsprechende Ereignis keine Chance hat, zwischen zwei »big bangs« aufzutreten; aber unser Dämon hat ja die Ewigkeit auf seiner Seite, und so wird er den *Glöckner von Notre-Dame* immer aufs neue lesen können ...

Mit einem Wort, die Champernownsche Zahlenfolge ahmt den Zufall so perfekt nach, daß man sich von ihr täuschen lassen würde, wenn die Regel, nach der sie gebildet ist, nicht so deutlich wäre. Man braucht jedoch diese Regel nur etwas zu komplizieren, um den Beobachter in Verlegenheit zu bringen. Nehmen wir beispielsweise einen einfachen Mechanismus, der eine Zahl X_{n+1} erzeugt, ausgehend von der vorangegangenen Zahl X_n, nach der Formel:

$$X_{n+1} = 1 - \mu X_n^2$$

Dem Parameter μ geben wir den Wert 1,5, als Ausgangswert X_0 wählen wir 0; so erzeugen wir mit Hilfe obiger Formel die unendliche Folge X_1, X_2, X_3, ... Die ersten zwölf Glieder sehen dann so aus:

$X_1 = 1$
$X_2 = -0,5$
$X_3 = 0,625$
$X_4 = 0,414\ 062\ 5$
$X_5 = 0,742\ 828\ 369\ 1$
$X_6 = 0,172\ 309\ 021$

$$
\begin{aligned}
X_7 &= 0{,}955\,464\,401\,9 \\
X_8 &= -0{,}369\,368\,335 \\
X_9 &= 0{,}795\,350\,549\,6 \\
X_{10} &= 0{,}051\,126\,254\,79 \\
X_{11} &= 0{,}996\,079\,159\,1 \\
X_{12} &= -0{,}488\,260\,536\,8
\end{aligned}
$$

Jetzt ersetzen wir X_n durch 0, falls $X_n < 0$, und durch 1, falls $0 < X_n$. Wir erhalten eine Folge von Nullen und Einsen, die folgendermaßen beginnt:

1, 0, 1, 1, 1, 1, 1, 0, 1, 1, 1, 0,

und wenn man diese Übung fortsetzt, erhält man folgende zusätzliche Glieder:

1, 1, 1, 1, 1, 0, 1, 1, 1, 0, 1, 0, 1, 1, 1, 1, 1, 0, 1, 1, 1, 0, 1, 0, 1, 1, 1, 1, 1, 0

Dieses Mal ist die Regel, nach der diese Zahlenfolge gebildet wurde, nicht mehr direkt sichtbar, und ein menschlicher Beobachter wird zu der Hypothese gelangen, daß er es mit einer Reihe von unabhängigen Auslosungen zu tun hat. Wenn er den Durchschnitt aus den ersten Beobachtungen errechnet, erhält er für die Häufigkeit von 0 beziehungsweise 1 empirische Werte, die ihm als Grundlage für seine statistischen Berechnungen dienen; in unserem Falle findet man beispielsweise in den ersten 42 Gliedern die empirische Häufigkeit 10/42 für die Null und 32/42 für die Eins. Der Statistiker kann auch vermöge seiner Unabhängigkeitshypothese die theoretische Häufigkeit der verschiedenen Botschaften berechnen und sie mit ihrer empirischen Häufigkeit vergleichen. Wenn die Auslosungen wirklich unabhängig wären und die Häufigkeit 10/42 bzw. 32/42 der Realität entspräche, müßte das Paar 0 1 eine Häufigkeit von 320/1 764 (ungefähr 0,18) haben, ebenso das Paar 1 0, während das Paar 0 0 eine viel kleinere Häufigkeit, nämlich 100/1 764 (ungefähr 0,06) haben müßte.

Es zeigt sich, daß unsere kleine Maschine, ebenso wie die Champernownsche Zahlenfolge, eine täuschend ähnliche Nachahmung unabhängiger Auslosungen bietet – so ähnlich, daß unser Statistiker sich in der – trügerischen – Sicherheit wiegen wird, es mit dem Zufall zu tun zu haben. Er hat in der Welt einen Sinn entdeckt, allerdings einen probabilistischen. Da ihm der wirkliche Determinismus entgeht, glaubt er, daß die Phänomene in mikroskopischem Maßstab vom Zufall regiert werden und daß die physikalischen Gesetze nur statistische Gesetze sein können.

Aber unser Dämon kennt nicht die geistige Begrenztheit menschlicher Physiker, man kann ihm sogar Allwissenheit zusprechen, und er wird daher in der Lage sein, die Zahlenfolge

$$1, 0, 1, 1, 1, 1, 1, 0, 1, 1, 1, 0, 1, 1, 1, 1, 1, 0, 1, 1, 1, 0, 1, 0, 1, 1, 1, 1, 1, 0,$$
$$1, 1, 1, 0, 1, 0, 1, 1, 1, 1, 1, 0$$

auf ihr zugrundeliegendes Gesetz $X_{n+1} = 1 - \mu X_n^2$ zurückzuführen. Für ihn ist die Welt rein deterministisch. Die Werte des Parameters $\mu = 1/2$ und der Ausgangsbedingung $X_0 = 0$ legen die gesamte Evolution fest. Als letztes Refugium der Kontingenz bleibt die (noch) unbeantwortbare Frage: Warum diese Welt und nicht eine andere; warum diese Werte und keine anderen? Sobald sie einmal bekannt sind, birgt das Universum keine Überraschungen mehr. Die Verschiedenartigkeit der Glieder in der Zahlenfolge ist nur scheinbar, ihre Unendlichkeit bloße Illusion; um alle zu kennen, braucht man nur zwei Zahlen zu kennen, μ und X_0. Wenn unser Dämon beispielsweise einem Kollegen die ersten 42 Glieder der Zahlenfolge übermitteln möchte, so ist es viel ökonomischer, die Botschaft »$\mu = 1/2$, $X_0 = 0$« zu senden, als die ganze Liste von Zahlen zu Beginn dieses Absatzes abzuschreiben – wohlgemerkt unter der Voraussetzung, daß der Empfänger die Formel $X_{n+1} = 1 - \mu X_n^2$ kennt.

Versuchen wir nun umgekehrt, uns eine Welt vorzustellen, die jeden Sinnes entbehrt und daher rein kontingent ist. In unserem Modell präsentiert sie sich als eine unendliche Folge von 0 und 1, vor der sich sogar unser Dämon geschlagen geben muß. Sie ist ganz einfach da, und sie ist durch keinen deterministischen Mechanismus generiert worden. Aus diesem Grund ist es schon einmal unmöglich, sie zu notieren! Denn wenn ich ihre ersten dreißig Glieder angebe:

0 0 0 1 1 0 1 1 0 1 1 1 1 1 0 0 0 1 0 1 0 1 0 0 0 1 0 0 1 1 . . .,

dann tue ich gut daran, Auslassungszeichen zu setzen, um anzudeuten, daß die Zahlenfolge weitergeht: Kein Mensch kann ahnen, daß der 31. Term eine Null ist. Diese Tatsache kann nur konstatiert, nicht aber aus den Werten der vorangegangenen Glieder abgeleitet werden. Die einzige Methode, das 32. Glied mitzuteilen, besteht darin, es hinzuschreiben, so daß ich eine Million Nullen oder Einsen brauche, um die erste Million Glieder in ihrer Reihenfolge mitzuteilen, eine weitere Million für die zweite und die gesamte Reihe nicht mitteilbar ist – es sei denn, man verfügt über das *Sandbuch*, jenes berühmte Buch, das Borges in den Regalen der argentinischen Staatsbibliothek versteckte und das unendlich viele Seiten hat. Zum Glück hat auch unser Dämon dieses Buch gefunden: In ihm sind alle Glieder der Zahlenfolge gewissenhaft vermerkt.

Wir nähern uns damit der Definition von Kontingenz. Eine unendliche Zahlenfolge soll kontingent heißen, wenn sie nicht ökonomischer aufgeschrieben werden kann, als indem man ihre sämtlichen Glieder aufschreibt. Wir fordern auch, daß sie in unserem Maßstab für uns arme Sterbliche kontingent bleiben muß. Denn wenn ich eine kontingente Folge nehme und davor $10^{1\,000}$ Nullen setze[7], dann bleibt die Folge zwar kontingent und der Dämon, der sie vollständig überblickt, weiß das auch, aber ich selber würde sterben, bevor ich das erkenne, und die gesamte Menschheit mit mir. Wir fordern also, daß bereits die ersten Botschaften, die uns erreichen, das heißt die ersten Glieder der Folge, schon als kontingent erscheinen, das heißt, daß sie nicht in ökonomischer Form notiert werden können.

An dieser Stelle müssen wir unsere Überlegungen etwas präzisieren. Stellen wir uns Kästchen vor, in denen wir jedesmal eine 0 oder eine 1 schreiben. Wenn eine Botschaft von der Länge N gegeben ist (beispielsweise die N ersten Glieder der Folge), kann man sie immer dadurch übermitteln, daß man sie schlicht und einfach kopiert, was N Kästchen nötig macht. Man kann aber auch raffinierter vorgehen. Man läßt den Empfänger vorher wissen, wie oft die 0 vorkommt und wie oft die 1. Jede dieser Ziffern, in der Basis 2 geschrieben, beansprucht maximal logN Kästchen[8] mit je einer 0 oder 1 und hat daher 2logN Stellen verwendet (d. h. logN für die Anzahl der Nullen und ebenso viele für die Anzahl der Einsen). Dadurch hat man die Ungewißheit beträchtlich reduziert; denn mit n_0 Nullen und n_1 Einsen kann man lediglich

$$\frac{(n_0 + n_1)!}{n_0!\, n_1!}$$

unterschiedliche Botschaften erzeugen. Diese Botschaften können durchnumeriert werden, so daß es im zweiten Teil der Übermittlung ausreicht, nur die jeweilige Nummer der gewünschten Botschaft anzugeben. Dazu wird, gemessen in der Zahl der benötigten Nullen und Einsen, nur noch der Logarithmus der größten Nummer, also der Logarithmus des obigen Verhältnisses, benötigt.[9]
Nach Beendigung aller Berechnungen zeigt sich, daß man bei hinreichend großem N jede beliebige Botschaft von der Länge N übermitteln kann, indem man höchstens

$$-\mathrm{N}\left(\frac{n_0}{\mathrm{N}}\log\frac{n_0}{\mathrm{N}} + \frac{n_1}{\mathrm{N}}\log\frac{n_1}{\mathrm{N}}\right)$$

Stellen benutzt. Erinnern wir uns, daß n_0 die Anzahl der Nullen und n_1 die Anzahl der Einsen ist.

Der Ausdruck in Klammern ist berühmt: Es handelt sich um die Entropie der untersuchten Botschaft. Diese Definition ist von C. E. Shannon, dem Begründer der Informationstheorie, eingeführt worden.[10] Es ist eine positive Zahl (das Minuszeichen vor der Formel hebt das Vorzeichen der negativen Logarithmen auf), die die Menge der Informationen darstellt, die mit jeder Botschaft an einen Empfänger übermittelt werden, der n_0 und n_1 kennt. Man kann sie auch so umschreiben, daß die empirischen Häufigkeiten $p_0 = n_0/\mathrm{N}$ und $p_1 = n_1/\mathrm{N}$ von 0 und 1 berücksichtigt werden:

$$-(p_0 \log p_1 + p_1 \log p_1)$$

Im Falle einer gleichen Häufigkeit $p_0 = p_1 = 1/2$ ist die Entropie gleich 1, und man sieht, daß unser Trick N Stellen zur Codierung der Botschaft notwendig macht. Das ist genau das, was auch bei einer einfachen Transkription notwendig wäre, so daß wir also nichts gewonnen haben. Wenn dagegen die Häufigkeiten verschieden sind, beispielsweise $p_0 = 1/3$ und $p_1 = 2/3$, beträgt die Entropie 0,918 295 834 3, und man kann daher die Botschaft übermitteln, indem man nur 0,9 183 × N Stellen anstatt N Stellen verwendet, was einem Gewinn von über 8 % entspricht. In dem Grenzfall, wo die Botschaft nur aus Nullen (oder nur aus Einsen) besteht, ist die Entropie gleich null. Es gibt nur eine einzige Botschaft, die nur aus Nullen besteht, und wenn der Empfänger weiß, daß $p_1 = 0$, ist es überflüssig, ihm Weiteres mitzuteilen; er kennt den Inhalt der Botschaft, noch bevor er sie erhalten hat. In diesem Sinne wäre die Menge der zusätzlichen Informationen, die ihm diese spezielle Botschaft zukommen lassen würde, gleich null. Ist der Empfänger hingegen darüber informiert, daß $p_1 = 1/2$, so hat er die Wahl unter einer Unzahl möglicher Informationen, und die Kenntnis, welche von ihnen tatsächlich übermittelt wird, stellt eine wichtige Information dar.

Wir sind nun in der Lage, die Idee eines völlig kontingenten Universums ohne jede Regel, die eine Voraussage erlauben würde, zu präzisieren: Die Botschaften, die dieses Universum an uns richtet, dürfen nicht verdichtet werden können. Die N ersten Glieder der Folge, die unser Dämon uns mitteilt, können nur mit Hilfe von N Bits übertragen werden. Mathematisch ausgedrückt, muß die Entropie = 1 sein, genauer gesagt, sie muß sich dem Wert 1 annähern, wenn die Botschaft hinreichend lang wird.

Hier tritt nun eine Schwierigkeit auf. Es ist unvermeidlich, daß auch eine Welt ohne jede Regel stellenweise große Regelmäßigkeiten aufweist. Es ist zum Beispiel sicher, daß unsere Zahlenfolge irgendwo 1000 Nullen hintereinander enthält. Wenn das nicht der Fall wäre, hätte man es mit einem konstitutiven Gesetz zu tun, nämlich: »Es können nicht 1000 Nullen hintereinander auftreten.« Hieraus könnte man die Regel zu einer unfehlbaren Voraussage ableiten: »Nach 999 Nullen kommt zwangsläufig eine 1.« Es ist sogar sicher, daß diese Folge von 1000 Nullen sich unendlich viele Male wiederholt. Wenn das nicht der Fall wäre und dieses Ereignis beispielsweise nur 77mal einträte, wäre das Gesetz »nach 999 Nullen kommt zwangsläufig eine 1« schon nach dem 77. Erscheinen von 1000 Nullen wahr, und man hätte eine weitere Regel zur Voraussage gefunden.

Aber eine Sequenz, die so organisiert ist wie die 1000 Nullen hintereinander, kann man auf eine viel ökonomischere Weise mitteilen als dadurch, daß man die Nullen eine nach der anderen hinschreibt.

Man braucht nur zu sagen: »Zähle von da und da an 1000 Nullen«, und die Sache ist gelaufen. Aufgrund derartiger Regelmäßigkeiten ist es unvermeidlich, daß man die N ersten Glieder der Folge mit weniger als N Stellen übermitteln kann, so daß die Entropie nicht genau = 1 ist, sondern etwas kleiner.

Betrachten wir noch ein anderes Beispiel. Reiht man nicht Nullen und Einsen aneinander, sondern Druckzeichen, und stellt man sich etwa einen Affen vor, der auf der Tastatur einer Schreibmaschine herumspielt, so ist das Resultat ein geschriebener Text – sogar ein unendlicher Text, sofern der Vorgang ewig dauert. In den meisten Fällen wird dieser Text sinnlos sein, aber man kann sich vorstellen, daß von Zeit zu Zeit, zwischen den »gfwsavk« und »jmuuzxnmlkj«, durch Zufall auch ein Wort auftauchen wird, das man erkennen kann, meistens ein kurzes wie »ein«, manchmal ein längeres wie »einmal«. Ganz selten wird man auch einen ganzen Satz entdecken; aber unser Dämon hat ja die ganze Ewigkeit vor sich. Er hat die Zeit, auf den ersten Satz des *Glöckners von Notre-Dame* zu warten, auf den ersten Absatz zu warten, auf das erste Kapitel zu warten, auf das ganze Buch zu warten, auf zwei Exemplare davon zu warten, auf 4 592 Exemplare hintereinander zu warten. In der Zwischenzeit erscheinen andere Bücher vor seinen Augen, namentlich das vorliegende – einschließlich der nächsten Kapitel, die ich in dem Augenblick, da ich diesen Satz schreibe, selber noch nicht kenne – und Bücher anderer Autoren.

Angenommen, unser Dämon kennt weder *Krieg und Frieden* noch den *Glöckner von Notre-Dame*, so wird er Gelegenheit haben, diese Bücher ein erstes Mal kennenzulernen, und damit imstande sein, sie später, sobald sie aufs neue erscheinen, wiederzuerkennen. Er wird daher die Botschaft beträchtlich verkürzen können, indem er den Text *in extenso* durch den Hinweis ersetzt: »Von hier an der und der Text.« Jede derartige Einfügung vermindert die Entropie, während jede Abfolge unzusammenhängender Zeichen sie gegen 1 anwachsen läßt.

So erhalten wir schließlich unsere endgültige Definition: Eine Folge ist kontingent, wenn die Entropie ihrer N ersten Glieder permanent einen Wert von annähernd 1 (ihrem Maximum) hat und diesem Wert um so näher kommt, je größer N ist. Anders gesagt, für die

Übermittlung der N ersten Glieder der Folge benötigt man etwas weniger als N Stellen oder, in der Sprache der Informationstheorie, N Bits. Diese Definition geht auf den großen russischen Mathematiker A. N. Kolmogoroff (1903-1987) zurück, den Begründer der Wahrscheinlichkeitstheorie. Zu den vielen Ruhmestiteln Kolmogoroffs gehört auch die Einführung der Entropie als analytisches Instrument bei derartigen Fragen. Die Definition von Kontingenz, die Kolmogoroff ursprünglich gegeben hatte, warf jedoch große Probleme auf der rein logischen Ebene auf – Probleme, die der schwedische Mathematiker P. Martin-Löf schließlich beseitigen konnte.

Eine kontingente Folge im Sinne Kolmogoroffs und Martin-Löfs ist demnach die Formalisierung einer Welt, in der es nur eine Regel gibt, nämlich die, daß es keine Regeln gibt. Dabei ist zu beachten, daß dies zunächst einmal eine rein logische Konstruktion ist, in der der Zufall (im Sinne des Wahrscheinlichkeitskalküls) keinen Platz hat. Mit Rücksicht auf diesen Umstand sprechen wir auch lieber von »kontingenten« Folgen und nicht, wie Kolmogoroff und Martin-Löf, von »aleatorischen«. Sie sind zwar aleatorisch in dem Sinne, daß es kein Verfahren gibt, um, ausgehend von einem Glied der Folge, das nächste Glied zu ermitteln, und auch kein Verfahren, um die in den ersten N Gliedern enthaltene Information zu verdichten, aber man erhält sie nicht – wie es das klassische Modell der Wahrscheinlichkeitstheorie fordern würde – durch eine Reihe von Auslosungen, die einem gegebenen Gesetz folgen.

Das Wunderbare ist nun, daß beide Gesichtspunkte einander ergänzen. Gemäß einer spontanen Intuition Kolmogoroffs sind die kontingenten Folgen, die wir beschrieben haben, in der Tat im Sinne der Wahrscheinlichkeitstheorie aleatorisch. Man kann zeigen, daß in einer Folge, die im Sinne Kolmogoroffs und Martin-Löfs kontingent ist, die Häufigkeit der Nullen und der Einsen in jeder beliebigen Stichprobe immer gegen $1/2$ geht.

Führen wir uns die Tragweite dieser Eigenschaft vor Augen! Wir sagen damit nicht nur, daß es in den N ersten Gliedern der Folge ungefähr genauso viele Nullen wie Einsen gibt und daß das jeweilige Verhältnis von Nullen zu Einsen um so mehr gegen $1/2$ geht, je größer N ist. Wir sagen auch, daß, unabhängig vom Stichprobenverfahren und von der jeweiligen Auswahl, alle gezogenen Stichproben aus der Folge diese Eigenschaft aufweisen. Wenn man in der periodischen Folge 0 1 0 1 0 1 0 1 . . . nur jedes zweite Glied berücksichtigt, erhält man die Stichprobe 0 0 0 0 . . ., das heißt eine konstante Folge, in der die Häufigkeit der Nullen 1 und die der Einsen 0 ist. Eine periodische Folge kann also nicht kontingent im Sinne Kolmogoroffs sein. Was die Champernownsche Folge betrifft, kann man eine Stichprobe ziehen, indem man nacheinander die Stellen betrachtet:

$$3 = 1 + 2 \times 1,\ 11 = 3 + 2^2 \times 2,\ 35 = 11 + 2^3 \times 3,\ \ldots,$$

wobei die Regel lautet, daß nach der $(n-1)$ten Beobachtung an der Stelle r die n-te Beobachtung an der Stelle $r + 2^n \times n$ erfolgen muß. Die so gewonnene Stichprobe aus der Champernownschen Zahlenfolge ist die konstante Folge 0 0 0 . . . Die Champernownsche Folge ist also im Kolmogoroffschen Sinne nicht mehr kontingent.[11]

Zu betonen ist, daß das angewandte Verfahren nicht antizipativ sein darf, das heißt, es verpflichtet uns dazu, vor der Auslosung zu erklären, ob wir das Resultat der Auslosung übernehmen werden oder nicht. Mit anderen Worten, man muß entscheiden können, ob ein Glied der Zahlenfolge, von dem man die Stelle, aber nicht den Wert kennt, in der Stichprobe enthalten sein wird oder nicht. Man darf also nicht die N ersten Glieder der Folge nehmen, alle Einsen hinauswerfen und dann so tun, als hätte man eine Stichprobe gezogen, die nur Nullen enthält! Für alle im Sinne Kolmogoroffs kontingenten Folgen gilt, daß jede Stichprobe, die mit einem nichtantizipativen Verfahren gewonnen wurde, eine empirische Häufigkeit von 0 und 1 aufweist, die gegen $1/2$ geht. Diese Zahlenfolgen bestehen auch subtilere statistische Tests, die zu technisch sind, um hier dargestellt zu werden, die aber alle auf der Hypothese beruhen, daß die Zahlenfolgen das Resultat sukzessiver, unabhängiger und gleich wahrscheinlicher Auslosungen sind. Praktisch gesehen sind es tatsächlich Folgen von unabhängigen und gleich wahrscheinlichen Auslosungen; denn sie erscheinen als solche in sämtlichen Tests, denen menschlicher Einfallsreichtum sie unterwerfen kann.

Fassen wir zusammen! Wir sind von einem Extrem zum anderen gelangt. Auf der einen Seite standen die mechanisch, nach einer iterativen Regel generierten Zahlenfolgen. Selbst wenn sie einem unvorsichtigen Beobachter aleatorisch erscheinen mögen (das ist das Phänomen des deterministischen Chaos), stellen sie eine rein deterministische Welt dar, in der die Zukunft exakt aus der Vergangenheit vorhersehbar ist. Am anderen Ende standen die kontingenten Zahlenfolgen, Zeugnisse einer Welt ohne jeden Sinn, in der die einzige Regel die ist, daß es keine Regeln gibt und daß man aus der Vergangenheit keinerlei Gewißheit über die Zukunft gewinnen kann. Um so überraschender ist es, dabei eine andere Rationalität auftreten zu sehen: Diese Welt, die sich jeder deterministischen Regel entzieht, gehorcht brav und willig dem Wahrscheinlichkeitskalkül! Jene Zahlenfolgen, die sorgfältig so konstruiert wurden, daß man nur ja nicht das Ergebnis einer einzelnen Auslosung voraussehen kann, sind statistischen Voraussagen zugänglich. So erscheint das probabilistische Modell als Antipode des deterministischen Modells. Beide zusammen bilden die Pole, zwischen denen unser Weltverständnis oszilliert: Je mehr man sich von dem einen entfernt, desto mehr kommt man dem anderen näher. Eine streng nichtdeterministische Welt muß daher absolut probabilistisch sein.

Und die Welt, in der Eyvind Quelle starb und in der wir leben? Wir wissen nicht, wo wir sie auf jener Skala einzuordnen haben, die den Zufall mit der Notwendigkeit verbindet; aber paradoxerweise ist das auch nicht besonders wichtig. Wenn die eigentliche Wirklichkeit durch das Wahrscheinlichkeitskalkül beschrieben wird, unterliegt die Welt den Gesetzen der Statistik. Sie erlauben es, unabhängige, im mikroskopischen Maßstab mit Ungewißheit behaftete Ereignisse zusammenzufassen, um im makroskopischen Maßstab Quasi-Gewißheit zu erlangen. Das ist es, was den Determinismus für uns zur Erfahrungstatsache macht. Eyvind kann mit Gewißheit voraussagen, daß er innerhalb der nächsten Viertelstunde sterben wird. Zwar zerfällt die steigende Flut in eine Unzahl von Molekülen, deren jedes vom Wahrscheinlichkeitskalkül regiert wird, aber die Zahl dieser Moleküle ist so groß, daß die einzelnen Zufälle insgesamt eine unausweichliche Gewißheit ergeben. Es besteht keine Hoffnung, daß das

Wasser zurückweichen oder daß es die Henker verschlingen wird – beide Ereignisse sind zwar möglich, aber unendlich unwahrscheinlich. Das ist der Sinn des zweiten Hauptsatzes der Thermodynamik. Selbst wenn die strukturierte Situation, die wir heute vorfinden, im Vergleich zur Ursuppe extrem unwahrscheinlich ist, existiert sie doch, und die weitere Entwicklung muß nach statistischen Gesetzen, das heißt auf geordnete Weise, von ihr ausgehen. Wir kehren zu dieser Ursuppe zurück, aber nicht irgendwie. Sofern man nicht davon ausgeht, daß ständig neue Wunder geschehen werden und daß sich an eine extrem unwahrscheinliche Ausgangssituation ein noch weniger wahrscheinliches Szenario anschließen wird, muß man damit rechnen, daß im makroskopischen Maßstab die Entwicklung eintreten wird, die die wahrscheinlichste ist. Mit anderen Worten: die Entropie des Systems, die von einem äußerst niedrigen Wert ausging, muß sich ihrem maximalen Wert annähern. Diese intuitive Erkenntnis hat Boltzmann in seiner Theorie der idealen Gase formalisiert, und es ist sein großes Verdienst, gezeigt zu haben, daß die Zunahme der Entropie auf makroskopischer Ebene eine Folge der von ihm so genannten Hypothese des »molekularen Chaos« ist.

Dem Determinismus können wir trotzdem nicht entgehen. Jagen wir ihn zur Tür hinaus, indem wir die völlige Inkohärenz der Welt postulieren, so kommt er zum Fenster wieder herein, und zwar in Gestalt der statistischen Gesetze. Sein eigentliches Wesen, sei es nun magischer oder mathematischer, analoger oder mechanischer Natur, entzieht sich uns; aber sein Vorhandensein scheint eine logische Notwendigkeit zu sein, wie Kolmogoroff und seine Schüler unwiderleglich dargetan haben. Einige Jahrhunderte früher und im Gewand eines anderen Formalismus findet man sie in dem berühmten Gottesbeweis des hl. Anselm von Canterbury wieder: Definitionsgemäß besitzt Gott alle Vollkommenheiten; die erste aller Vollkommenheiten ist die Existenz; also existiert Gott. Scholastisch ausgedrückt, schließt die *essentia* Gottes seine *existentia* ein. Ebenso ergibt sich die Existenz des Determinismus, die eine Tatsachenfrage ist, unmittelbar aus seiner Natur, die eine mathematische Frage ist.

Wenn uns die Argumentation des hl. Anselm von Canterbury heute nicht mehr überzeugt, dann deshalb, weil wir gewohnt sind, Tatsachenfragen von Gesetzesfragen zu unterscheiden. Der moderne Mensch ist dualistisch; er unterscheidet säuberlich das materielle Universum, in dem sich die Tatsachenfragen entscheiden, vom geistigen Universum, in dem man Gesetzesfragen erörtert und wo die Theorien aufeinanderprallen. Die Frage nach dem Zusammenhang zwischen beiden Universen, die doch fundamental ist, wenn wir unser Verhältnis zur Welt begreifen wollen, interessiert ihn kaum; wenn er wählen müßte, würde er gerne das zweite Universum zugunsten des ersten relativieren. Deshalb sind wir im tiefsten Inneren auch davon überzeugt, daß man nicht beweisen kann, daß irgend etwas existiert.

Wir sind also wohlmotiviert, den Irrtum des hl. Anselm von Canterbury ausfindig zu machen. Man kann ihn in die Prämissen seiner Argumentation verlegen, nämlich daß Gott alle Vollkommenheiten besitzen oder daß eine davon die Existenz sein müsse. Ich möchte mich gleich der Frage nach der Existenz zuwenden. In der Mathematik gibt es eine Formalisierung dieses Begriffs, aus der hervorgeht, daß Gegenstände, die nicht existieren, mit wunderbaren Eigenschaften begabt sind und es ermöglichen, alles zu beweisen, was man will. Wenn beispielsweise der nicht mehr zu kürzende Bruch p/q ins Quadrat erhoben 2 ergibt, muß der Nenner q gleichzeitig gerade und ungerade sein. Daraus schließt man mit Recht, daß ein solcher Bruch nicht existieren kann, das heißt, daß $\sqrt{2}$ keine rationale Zahl ist; man nennt das eine *reductio ad absurdum*. Die Argumentation des hl. Anselm von Canterbury ist die erste Hälfte einer solchen Beweisführung *ad absurdum*, deren Schlußfolgerung nur die Nichtexistenz Gottes sein konnte. Gewiß hat noch niemand die zweite Hälfte des Beweises geliefert, die es erlauben würde, zu dem entscheidenden Widerspruch vorzudringen; aber der Zweifel bleibt, und falls er eines Tages behoben werden wird, dann nur auf negative Weise. Stellen wir uns den ersten griechischen oder babylonischen Mathematiker vor, der $\sqrt{2}$ als Bruch p/q untersucht hat. Nach vielen Bemühungen konnte er vielleicht beweisen, daß der Nenner eine gerade Zahl sein mußte; er machte daraus ein Theorem, bis eines schönen Tages ein Rivale oder Nachfolger kam und bewies, daß der Nenner gleichzeitig eine ungerade Zahl sein mußte. Analog hierzu gibt uns nichts die Garantie, daß man, von denselben Prämissen wie Anselm von Canterbury ausgehend, nämlich daß Gott sämtliche Vollkommenheiten besitzt, nicht logisch zu dem entgegengesetzten Schluß kommen könnte, nämlich daß Gott nicht existiert. In diesem Augenblick wäre der einzige logisch zwingende Schluß, daß Gott effektiv nicht existieren kann.

Seit den Tagen Anselms von Canterbury sind viele Jahrhunderte vergangen und die formale Logik hat so viele Fortschritte gemacht, daß wir fortan derartige Fallen zu vermeiden wissen. Die Analyse Kolmogoroffs, die durch die simple, bezwingende Kraft mathematischen Schließens den Determinismus als Weltgesetz zu installieren schien, bietet uns sogar noch größeren Widerstand. Auf rein logischer Ebene ist sie gewiß wohlgegründet. Wir müssen also den platonischen Gedanken akzeptieren, daß die unendliche Vielfalt der Welt in alle Ewigkeit durch einige wenige Theoreme geregelt wird. Die Dinge sind, die Ereignisse folgen einander, aber all dies ist mit Notwendigkeit mathematisch strukturiert. Die Mathematik setzt also der Kontingenz eine Grenze, da sie offenkundig dem Universum der Gesetze und nicht dem der Tatsachen zugehört. Man kann sich nicht vorstellen, daß die Mathematik anders ist, als sie ist, und sogar das physikalische Universum gehorcht ihren Gesetzen.

Wir haben uns also über die Kontingenz der Welt erhoben und geglaubt, in der Mathematik Zuflucht zu finden. Der Physiker, der eine unvermutete Gesetzmäßigkeit entdeckt, der Ingenieur, der ein Bauwerk berechnet, der Nationalökonom, der nach Korrelationen sucht – sie alle zeugen von der Macht der Mathematik und geben der Hoffnung Raum, daß eines Tages die Welt wie ein aufgeschlagenes Buch vor ihnen daliegt. An diesem Tage wird man sagen können, daß der Mensch die Kontingenz gemeistert hat und daß das Universum ihm endlich transparent ist. Der Physiker wird die Allgemeine Relativitätstheorie mit der Quantenmechanik vereinigt haben, der Psychoanalytiker wird die Gesetze des Unbewußten formalisiert haben, und die Menschheit wird ausrufen: »Endlich haben wir verstanden. Die Dinge sind so, weil sie nicht anders sein können.«

An dieser Stelle regt sich heimlich, aber hartnäckig der Argwohn: Das ist zu schön, um wahr zu sein. Wie kommen wir dazu, den zerebralen Aktivitäten einer Gattung, die in irgendeinem Winkel des Universums verbannt lebt, diesen ganz besonderen Status zuzuschreiben? Warum sollte ausgerechnet die Mathematik dem Zugriff des Zufalls entgehen? Ist nicht die Notwendigkeit, auf die sie sich beruft, ihrerseits kontingent? Hätte die Mathematik wirklich nicht anders sein können als so, wie sie es heute auf diesem Planeten ist?

Nun, zunächst einmal ist in der Mathematik kein Raum für Kontingenz. Alles in ihr ist mit Notwendigkeit wahr; es gibt in ihr weder ein Tatsachenprotokoll noch die Berufung auf eine Autorität. Seit Euklid tragen alle Mathematiker dasselbe Bild von ihrer Wissenschaft in sich: Sie ruht auf einigen einfachen Axiomen, deren Kombinationen gewissen logischen Regeln folgen und es erlauben, andere Aussagen zu beweisen. Die Wahrheit breitet sich sozusagen durch Ansteckung aus; sie beginnt bei Basisaxiomen, die als solche anerkannt sind, und reicht bis zu allem, was mit deren Hilfe bewiesen werden kann, das heißt also, so glaubte man, bis zur Gesamtheit der Mathematik, die unter Ausschluß jeder äußeren Kontingenz auf reiner logischer Notwendigkeit gründet. So ist die Mathematik weder dem Zufall noch der Geschichte unterworfen.

Es blieb Kurt Gödel vorbehalten, 1930 den Beweis zu führen, daß dieses Bild falsch ist. In einem berühmten Theorem[12], das im Jahr darauf veröffentlicht wurde, zeigt Gödel, daß es in jedem beliebigen System von Axiomen und Regeln (sofern deren Anzahl endlich ist) möglich ist, eine Aussage über ganze Zahlen zu formulieren, die innerhalb des betreffenden Systems weder bewiesen noch widerlegt werden kann. Mit anderen Worten, es gibt mathematische Aussagen, die wahr sind, die man aber nicht beweisen kann; man kann sie nur konstatieren, sofern man sie überhaupt überblickt. Unser Maxwellscher Dämon, der mit einem einzigen Blick die Unendlichkeit der ganzen Zahlen übersieht, stellt sofort fest, ob eine Eigenschaft wahr ist oder nicht. Der Mensch hat diese Fähigkeit nicht. Er kann eine arithmetische Eigenschaft *de visu* nur feststellen, wenn die betreffenden Zahlen nicht zu groß sind.[13] Wenn sie zu groß sind, kann er nur noch versuchen, einen Beweis zu finden; wenn er diesen Beweis jedoch nicht findet, heißt das nicht zwangsläufig, daß die fragliche Eigenschaft falsch ist. Vielleicht ist er nur ungeschickt vorgegangen, und ein anderer, der mehr Glück oder mehr Verstand hat, findet die richtige Methode.

Die Mathematik steckt voller Vermutungen, das heißt voller schwebender Fragen, die manchmal schon seit Jahrhunderten darauf warten, gelöst zu werden. Das Gödelsche Theorem eröffnet die Möglichkeit, daß sie nie gelöst werden. Es geht sogar weiter, da es erlaubt, in dem betrachteten System eine unentscheidbare Aussage zu konstruieren. Diese Aussage kann ihrerseits als neues Axiom aufgefaßt und den existierenden Axiomen hinzugefügt werden, um ein neues System zu bilden, das seinerseits eine unentscheidbare Aussage enthält, die wiederum den vorhergehenden Axiomen hinzugefügt werden kann, um ein neues System zu bilden, und so weiter *ad infinitum*. Doch gibt es bei jeder Etappe einen Freiraum: Wenn eine Aussage unentscheidbar ist, ist es ihr Gegenteil auch, so daß man die Wahl hat, welche von beiden man als Axiom nimmt. Je nachdem, ob man sich für die Aussage oder für ihr Gegenteil entscheidet, erhält man zwei verschiedene Mathematiken, die beide in sich vollkommen kohärent, aber miteinander inkompatibel sind. Das Gödelsche Theorem bekräftigt definitiv die Existenz einer unendlichen Zahl von verschiedenen Mathematiken, die sämtlich Töchter ein und derselben Notwendigkeit sind.

Die Mathematik ist nicht einzig und allein von der Logik bestimmt; auch die Willkür hat in ihr Platz. Zwei Einstellungen sind daher möglich. Man kann behaupten, daß die mathematischen Objekte wie beispielsweise die ganzen Zahlen eine selbständige Existenz haben, so daß jede sie betreffende Aussage wahr oder falsch sein muß, unabhängig davon, ob sie beweisbar ist oder nicht. Es gibt also nur eine einzige legitime Mathematik, nämlich diejenige, die exakt alle Eigenschaften der ganzen Zahlen wiedergibt. Das ist die platonische Einstellung, die übrigens auch von Gödel selbst vertreten wurde, als er 1931 in seinem Aufsatz darauf hinwies, daß die Aussage, die er konstruierte, unentscheidbar, aber »wahr« sei, und die auch die meisten Logiker vertreten, die sich auf ein »Standardmodell« der ganzen Zahlen beziehen, letzten Endes also auf die Vorstellung, die sie von diesen Zahlen haben. Man kann aber auch pragmatisch sein und die Ansicht vertreten, daß die mathematischen Objekte nur eine operative Existenz haben. Eine unentscheidbare Frage ist eine Frage ohne Antwort, da sie nicht im physikalischen Experiment entschieden werden kann. Gleichgültig, wohin wir tendieren, es gibt keinen Standpunkt, auf den wir uns stellen und verkünden könnten, die Antwort müsse Ja und nicht Nein lauten. Das ist eine Einstellung, die derjenigen Niels Bohrs in der Quantenmechanik entspricht: die Frage wird nicht gestellt.

Die meisten Mathematiker sind Platoniker. Das liegt an der transzendenten Schönheit des mathematischen Baues, der nicht von Menschenhand geschaffen zu sein scheint. Das liegt auch an unserer Jagdleidenschaft: Wir haben in der Mathematik eher den Eindruck, der Natur ihre Geheimnisse zu entreißen, aus dem Schoß des Unverständnisses ewige Wahrheiten zu bergen, als schlichte Gegenstände für den täglichen Gebrauch zu verfertigen. Der Moment der Entdeckung ist der Augenblick der Erleuchtung: Ich sehe die Dinge endlich, wie sie sind, der Schleier des Geheimnisses, der sie umgab, löst sich auf. In diesen Augenblicken denkt man an den platonischen Mythos von der Seelenwanderung, wonach die Seelen, während sie in der Unterwelt weilen, in die Betrachtung der ewigen Wahrheiten versunken sind, bevor sie aus dem Lethestrom Vergessen trinken und auf die Erde zurückkehren, um einen neuen Lebenszyklus zu beginnen.

Indessen muß jeder, der sich mit der Geschichte der Mathematik befaßt hat, an dieser Stelle seine Zweifel anmelden. Gewiß gab es große schöpferische Geister, die in ihr eine herausragende Rolle gespielt haben. Was wäre die Analysis ohne Newton oder Leibniz, die Algebra ohne Galois, die Geometrie ohne Gauß? Trotzdem besteht die Geschichte der Mathematik nicht nur aus einigen genialen Eingebungen. Sie ist Bestandteil der allgemeinen Entwicklung der Naturwissenschaften und der Technik: Die Anfänge der Analysis orientierten sich an der Himmelsmechanik, und das Buch, in dem Gauß die Grundlagen der Geometrie legt, ist gleichzeitig eine Abhandlung über Geodäsie. Wären die historischen Umstände, die zu befriedigenden Bedürfnisse andere gewesen, wäre nicht auch die Mathematik eine andere gewesen? Wäre die Erde der einzige Planet, der die Sonne umkreist, und hätte sie nicht ihren Trabanten, so hätte man nicht über die Jahrhunderte hin Beobachtungen gesammelt und Systeme erdacht, um die Abweichungen der Bewegung der beweglichen Sterne vor der Sphäre der Fixsterne zu erklären, es gäbe keine Himmelsmechanik, und wir würden die Mathematik nicht wiedererkennen.

Wir glauben, einen zwangsläufigen Weg zu sehen, eine logische, zu einem Ziel führende Entwicklung. Aber es ist die Illusion der Teleologie, die den gegenwärtigen Zustand einem Entwicklungsprozeß einverleibt und die Vergangenheit als Funktion der Gegenwart interpretiert. Wo wir das gleichmäßige Fortschreiten auf einer in alle Ewigkeit geordneten Bahn sehen, gibt es vielleicht nur einen zufallsbedingten, von äußeren Anstößen abhängigen Weg. D. Ruelle[14] zitiert in ähnlichem Zusammenhang einige Verse des Dichters A. Machado:

> Wanderer, der Weg, das sind
> deine Tritte und sonst nichts,
> Wanderer, es gibt keinen Weg,
> der Weg kommt mit dem Gehen.

Zuletzt bleibt uns nichts anderes übrig, als über die Einzigartigkeit unseres eigenen Schicksals zu staunen. Das Gebäude der Wissenschaft wie die menschliche Geschichte insgesamt enthalten ein Gutteil Willkür, und man kann davon träumen, was hätte sein können, aber nicht gewesen ist. Wir sind die Überlebenden eines unerbittlichen Selektionsprozesses, der aus der unendlichen Vielfalt möglicher Zukünfte diejenige ausgewählt hat, die schließlich eingetreten ist. Die Ereignisse, die von der gesichtslosen Gottheit namens Zufall verworfen worden sind, haben ebensosehr ein Existenzrecht wie jenes, das erwählt worden ist und fortan einen Bestandteil unseres Lebens bildet. Unser einziges Verdienst ist, daß wir existieren – ohne erkennbaren Grund und auf Kosten anderer Möglichkeiten, die gewiß ebenso vielversprechend und vielleicht noch verlockender gewesen wären. Warum ich? Auf diese Frage gibt es keine Antwort. Kein Wunder also, daß jemand, der sich diesen Gedanken überläßt, in eine Identitätskrise verfällt: Was ist diese so kontingente Welt, was ist dieses Ich vor so vielen anderen virtuellen Existenzen? Geben wir abschließend dem Dichter[15] das Wort:

Dieses unerhörte,
barocke Leben:
eine männliche Zelle trifft zufällig eine weibliche Zelle,
und aus einer großen Zahl von Bewerbern
entstehe gerade ich

Was Wunder, wenn ich zweifle,
daß ich ich bin

Später dann diese Gesellschaft:
alle kläffen gegeneinander,
wie Hunde in einem Zwinger,
vollkommen überzeugt, daß sie sie sind

Krieg, Menschenopfer –

Ich glaube nicht, daß ich weiter gekommen bin
als bis zur Zeugung:
die »befleckte« Empfängnis
Ich, ein Spermatozoon, irre umher mit meinem schlagenden Schwanz
auf der Jagd nach dem Weltei
Aber wo ist es?

Gegen den Ansturm dieser vielfältigen Kontingenz versucht die Menschheit, tiefere Determinismen auszumachen, das heißt, der Welt einen Sinn zu geben. Dabei kann es sich, wie wir gesehen haben, um notwendige Verkettungen wie um statistische Gesetzmäßigkeiten handeln: Es kommt nur darauf an, sie zu entdecken. Dieser Sinn kann die persönliche Entdeckung eines einzelnen oder die Frucht einer alten Tradition sein. Er kann der Welt auch mit Gewalt aufgezwungen werden. Diese Gewalttätigkeit ist reine Kontingenz, aber ihr letztes Stadium ist die Sinngebung. Der Tyrann will nicht nur, daß man ihm gehorcht; er will, daß man ihn liebt. Der Besatzer beschlagnahmt das Land und verlangt dazu noch den Beifall der beraubten Bevölkerung, so wie im letzten Akt von *Faust II* der Chor die Vertreibung von Philemon und Baucis begrüßt:

Das alte Wort, das alte Wort erschallt:
Gehorche willig der Gewalt.
Denn bist du kühn, und hältst du Stich?
Dann wage Haus, und Hof, und . . . dich.

Wie Claude Lévi-Strauss gezeigt hat, haben die Menschen zu allen Zeiten gewissen Symbolen die Macht zugeschrieben, die Welt zu deuten, ja zu verändern. Das nennt man eine Theorie: eine Anzahl von Grundelementen, formale Regeln, die es erlauben, diese zu neuen Elementen zu kombinieren, und ein Spiel von Korrespondenzen zwischen dem so erzeugten formalen Universum und der umgebenden Welt. In dieser geheimnisvollen Korrespondenz liegt der Determinismus beschlossen, auch wenn die diversen vorgeschlagenen und wieder fallengelassenen Formalismen zahllos sind wie die Zivilisationen, die sie erzeugt haben. Wir haben eine kulturelle Vorliebe für die Methode, ein mathematisches Modell mit einer experimentellen Verifikation zu verbinden, aber auch andere Methoden sind logisch möglich und angewendet worden, darunter die Magie mit allen Geheimwissenschaften, die uns überliefert sind und von denen beispielsweise der *seiðr* der alten Norweger nur der lokale, zeitlich wie räumlich beschränkte Ausdruck war. Es gibt nur wenige Dokumente, in denen einigermaßen präzise beschrieben wird, worum es sich beim *seiðr* handelte, und das verheerende Wirken der christianisierenden Könige hat viel zu diesem gewollten Vergessen beigetragen.

Zum Glück ist uns die Erinnerung an Egill Skallagrímsson geblieben, den großen Wikinger und großen Skalden, der ein Meister des *seiðr* und vielleicht die markanteste Persönlichkeit des nordischen Altertums war. Die Egilssaga – ein Meisterwerk von solchem Rang, daß man sie Snorri Sturluson zugeschrieben hat – berichtet, wie Egill mit Hilfe des *seiðr* gegen König Eirik Blutaxt und Königin Gunnhild kämpfte. Bevor er, nach der Abrechnung mit seinen Feinden, Norwegen verließ, errichtete er eine *niðstöng*, einen magischen Pfahl; darauf setzte er einen Pferdekopf, der ins Landesinnere wies, und sprach dazu folgende Verwünschung:

Hier stelle ich eine Schmähstange auf, und ich richte diese Schmähung gegen König Eirik und Königin Gunnhild ... ich richte diese Schmähung gegen die Landgeister, die in diesem Lande wohnen, daß sie alle wirre Wege gehen sollen, weder Haus noch Heimstatt finden, bis sie König Eirik und Königin Gunnhild aus dem Lande vertrieben haben.[16]

Der Fluch war in Runenschrift in den Pfahl geritzt, und König Eirik und Königin Gunnhild wurden einige Jahre später in der Tat aus dem Land gejagt und mußten Zuflucht auf den Orkaden suchen. Die Stunde der Rache kam, als Egill durch einen Sturm an ihre Küste verschlagen wurde und ihnen in die Hände fiel. Zuerst wollte man ihn auf der Stelle töten, aber Egill hatte im Gefolge des Königs Freunde, die ihr Wort für ihn einlegten und geltend machten, daß man zwischen Sonnenuntergang und Sonnenaufgang niemanden töten dürfe: »König, ist es nicht Mord, nachts einen Menschen zu töten?« Egill hatte also eine Gnadenfrist von einer Nacht, und er nutzte sie dazu, ein Meisterwerk skandinavischer Dichtkunst, in der Tat das erste gereimte Gedicht der nordischen Literatur, zu verfassen, und zwar eine Ode zur Verherrlichung seines Feindes, die er am nächsten Morgen vor König Eirik und dem ganzen versammelten Hofe vortrug. Für einen Skalden in verzweifelter Lage war das ein probates Mittel, den Kopf aus der Schlinge zu ziehen, und das Gedicht ist seither als *Höfuðlausn*, »Haupteslösung«, bekannt.

In dieser Geschichte greifen verschiedene Determinismen ineinander: die Praxis des *seiðr*, der Respekt vor einem alten Brauch, die Dichtkunst. Wir kennen von diesen Determinismen keinen mehr; mit den Wikingern sind nicht nur der *seiðr* und die Skaldendichtung untergegangen, sondern auch jener merkwürdige Respekt, der es dem Menschen verbot, seinen schlimmsten Feind zu töten, sobald die Nacht hereingebrochen war. Aber das Bedürfnis, das hinter diesen Determinismen stand, der Wunsch, Oasen der Regelmäßigkeit in der Wüste der Kontingenz zu entdecken und notfalls künstlich anzulegen – dieses Bedürfnis ist uns bis heute geblieben, selbst wenn wir es mit anderen Mitteln befriedigen. Der Formalismus und die Strenge der Skaldendichtung stehen denen der modernen Mathematik in nichts nach, und wer die *kenningar*[17] nach den Regeln der Alliteration anwenden kann, der kann auch Theoreme nach den Regeln der Logik miteinander verknüpfen. Im einen wie im anderen Falle kommt es auf die Kreativität an; sie ist es, die Sinn und Schönheit stiftet und den Künstler vom Kärrner unterscheidet.

Wenn die Skaldendichtung außer Gebrauch gekommen ist, dann durch ein Übermaß an Formalismus. Wenn der *seiðr* verschwunden ist, dann deshalb, weil er durch andere Praktiken verdrängt wurde. So bringt die Menschheit Systeme hervor, die eine Zeitlang leben und dann – sozusagen durch Krankheit oder Unfall – sterben. Der *seiðr* hatte Eyvind Quelle unter anderen Umständen zweifellos gute Dienste geleistet, aber jetzt, im entscheidenden letzten Moment, verzichtet er auf ihn, ohne daß wir eigentlich verstehen, was geschehen ist. Ein Determinismus ersetzt den anderen, die Himmelsmechanik verjagt die Astrologie, aber immer gibt es jene geheimnisvolle Korrespondenz zwischen den geistigen Universen, die wir geschaffen haben, und der sehr materiellen Welt, in der wir leben.

3
Antizipation

Die Erinnerung an König Olaf Tryggvason ist untrennbar verbunden mit der Erinnerung an seinen *drakkar* Ormen Lange, den *Langen Drachen*. Der König hatte dieses Fahrzeug nach dem Vorbild eines *drakkar* bauen lassen, den er aus Hålogaland mitgebracht hatte und der an sich schon ein vorzügliches Schiff war. Doch durch seine Schnittigkeit und Schönheit sollte der neue *drakkar* sein Vorbild übertreffen, das daher den Namen *Kurzer Drache* bekam.

Der Ruf des *Langen Drachen* war ihm auf allen Meeren vorausgeeilt. Nach der letzten Expedition König Olafs versuchten seine Feinde – die Könige von Schweden und von Dänemark sowie Jarl Eirik – mit 71 Schiffen, Olaf nahe der Insel Svolder an der Südküste der Ostsee in einen Hinterhalt zu locken. Die Flotte König Olafs erschien nichtsahnend, um nach Norwegen zurückzukehren. Die kleinsten Schiffe stachen als erste in See; da es gleichzeitig die schnellsten waren, waren sie bald außer Sicht. König Olaf blieb mit seinen elf größeren Fahrzeugen zurück, die ein Verräter, Jarl Sigvald, auf einer Fahrrinne mit genügend Tiefgang auf das offene Meer lotsen sollte. In Wirklichkeit lenkte er die Flotte geradewegs in die Höhle des Löwen.

Sveinn von Dänemark, Olaf von Schweden und Jarl Eirik waren dort mit ihrem ganzen Heer. Es war schönes Wetter und heller Sonnenschein. Sie gingen auf den Holm, alle Anführer mit ihrem Gefolge, und sahen, daß da sehr viele Schiffe zusammen aufs Meer hinaus segelten. Und dann sahen sie, daß darunter ein besonders großes und prächtiges Schiff war. Da sagten die beiden Könige: »Dies ist ein großes Schiff, und ganz außerordentlich schön. Das muß der ›Lange Drache‹ sein.« Aber Jarl Eirik antwortete ihnen und sagte, es sei nicht der »Lange

Drache«. Und es war so, wie er sagte: Dieses Schiff gehörte Einriði von Gjemse. Wenig später sahen sie, wie ein anderes Schiff heransegelte, viel größer als das erste. Da sagte König Sveinn: »Jetzt hat Olaf Angst bekommen. Er wagt nicht, mit dem Drachenkopf an seinem Schiff zu segeln.« Aber Jarl Eirik sagte: »Das ist nicht das Schiff des Königs. Ich kenne dieses Schiff und auch das Segel, denn das Segel ist gestreift. Das ist Erling Skjálgsson. Laßt ihn nur fahren. Besser für uns ist eine Lücke und ein Loch in der Flotte König Olafs, als dieses so gut ausgerüstete Schiff.« Etwas später sahen und erkannten sie die Schiffe des Jarls Sigvald, die auf sie zu zu dem Holm hin steuerten. Dann sahen sie drei Schiffe heransegeln, und eines war sehr groß. König Sveinn befahl seinen Leuten, auf die Schiffe zu gehen, denn dort komme der »Lange Drache«. Jarl Eirik aber sagte: »Sie haben viel mehr große und prächtige Schiffe als nur den ›Langen Drachen‹. Laßt uns noch warten.« Da sagten viele Männer: »Jarl Eirik will nicht mehr kämpfen und seinen Vater rächen. Das ist eine große Schande, und man wird überall erzählen, daß wir hier mit einer ebenbürtigen Flotte liegen, und König Olaf segelt an uns vorbei aufs Meer.« Aber als sie so eine Weile geredet hatten, da sahen sie, wie vier Schiffe heransegelten, eines davon ein riesiges Drachenschiff und ganz vergoldet. König Sveinn stand auf und sagte: »Hoch oben soll dieser Drache mich tragen. Den will ich befehligen.« Viele meinten, der Drache sei ein wunderbar großes und schönes Schiff, und wer ein solches Schiff bauen lasse, der habe große Ehre verdient. Da sagte Jarl Eirik, so daß es einige Männer mit anhören konnten: »Selbst wenn König Olaf nur dieses eine Schiff hätte, so wäre doch Sveinn mit dem Dänenheer allein niemals in der Lage, es ihm abzunehmen.«

Jetzt zogen alle zu den Schiffen und brachen die Zelte ab. Aber während die Anführer noch das untereinander redeten, was hier erzählt wurde, sahen sie drei riesige Schiffe heransegeln, und schließlich noch ein viertes, das war nun wirklich der »Lange Drache«. Die großen Schiffe, die vorausgesegelt waren und die sie für den Drachen gehalten hatten, das waren der »Kranich« und der »Kurze Drache« gewesen. Und als sie nun den »Langen Drachen« sahen, erkannten ihn alle, und niemand zweifelte noch daran, daß da Olaf Tryggvason fuhr. Sie gingen auf die Schiffe und bereiteten sie für den Angriff vor.[1]

Die Feinde König Olafs standen hier vor einem ganz typischen Entscheidungsproblem. Sie durften erst in dem Moment, wo der *drakkar* des Königs in Sicht kam, aus dem Hinterhalt hervorbrechen. Zeigten sie sich zu früh, so würde Alarm gegeben, und der König hätte Zeit, zu entkommen. Bestiegen sie aber ihre Schiffe zu spät, so war der König schon vorbeigefahren, und die Chance war vertan und würde sich nicht ein zweites Mal bieten. Es kam also darauf an, daß sie den *Langen Drachen* rechtzeitig erkannten. Das Problem war nun, daß sie dieses Schiff noch nie gesehen hatten; genauer gesagt: einer von ihnen hatte es schon gesehen, aber zu diesem Mann hatten sie kein großes Vertrauen. Man warf ihm kurzerhand Feigheit vor, und für den Rest der Diskussion war er mundtot gemacht.

Die beiden Könige mußten sich also an den Ruf halten, der dem *Langen Drachen* vorauseilte. Sie hatten eine allgemeine Beschreibung des Schiffes, sie wußten, daß es besonders groß und reich verziert war und weit genug aus dem Rahmen des Üblichen fiel, um den ganzen Stolz seines Besitzers Olaf Tryggvason zu bilden, von dessen Glanz und Pracht man sich schon Fabeldinge erzählte. Da im übrigen der Schiffsbau keine unendliche Vielfalt erlaubte und beide natürlich wußten, wie ein *drakkar* aussah, hatten sie schließlich eine ziemlich genaue Vorstellung vom *Langen Drachen* – eine viel genauere, als wir sie uns heute machen könnten.

Was nicht verhinderte, daß sie sich fünfmal täuschten, und zwar jedesmal mit sehr guten Gründen. Jeder neue *drakkar* war größer und schöner als der vorige, und jedesmal sah es so aus, als sei nun der Höhepunkt erreicht. Bei jedem neuen Schiff prallten die Meinungen pro und contra aufeinander, wobei die einen ihrer Sache immer sicherer wurden, während die Zahl der anderen immer mehr abnahm. Erst das Erscheinen des wirklichen *Langen Drachen* beendete die Debatte: Der Beweis war da, es bedurfte keiner weiteren Diskussion, und alle stürzten in ihre Schiffe.

Nachträglich fiel es den Leuten wie Schuppen von den Augen, und sie fragten sich, wie sie sich von so kümmerlichen Imitationen hatten narren lassen können. Die gegebene Beschreibung – ein riesiger, rundum vergoldeter *drakkar* – konnte doch, so scheint es, einzig und allein auf dieses märchenhafte Schiff zutreffen, das da im Glanz des

Sonnenlichts herankam. Aber so war es nicht. Das ist ja eben die klassische, vielleicht sogar unvermeidliche Illusion jener Historiographen, die ihren Helden den wissenden Blick des Zuschauers verleihen, der bereits den Ausgang der Geschichte kennt. Es ist in der Tat sehr schwer, in unserer Erinnerung *a posteriori* die Frische des ersten Eindrucks wieder wachzurufen. Solange König Sveinn den *Langen Drachen* nicht gesehen hatte, konnte er sich vom *Kurzen Drachen* täuschen lassen und sogar andere von seinem Irrtum überzeugen. Weder seine geschliffene Argumentation noch seine Kenntnis in Sachen Schiffsbau waren dabei von irgendwelchem Nutzen. Erst das Auftauchen Olaf Tryggvasons auf seinem *Langen Drachen* konnte ihn von seinem Irrtum heilen.

Die Ungewißheit ist eine Grundtatsache der menschlichen Geschichte und unseres täglichen Lebens. Dauernd müssen wir Entscheidungen in einem Kontext treffen, den wir nur schwer überblicken. Eine zutreffende Einschätzung der Situation ist aber unabdingbar, wenn wir die Folgen unserer Handlungen beurteilen wollen. Wir verfügen als Hilfestellung über unsere früheren Erfahrungen und über das gesamte Wissen, das von uns oder anderen bisher akkumuliert worden ist. Trotzdem können wir niemals sicher sein, die richtige Diagnose gestellt zu haben. Und doch müssen wir handeln – auch auf die Gefahr hin, eine Entscheidung zu treffen, die sich, sobald die Zukunft den wahren Sachverhalt enthüllt haben wird, nicht nur als gefährlich, sondern auch als töricht erweist.

Es sei hervorgehoben, daß es hier nicht um das Wagnis eines Aufbruchs ins Unbekannte geht; vielmehr bewegt sich die Situation, die wir zu analysieren versuchen, in einem bekannten Rahmen. Wir wissen, daß es eine Reihe typischer Situationen gibt, die das erklären, was wir beobachten, und wollen einfach wissen, welches die richtige ist. Dieser riesige, prächtige *drakkar* da draußen gehört zur Flotte König Olafs. Aber ist es wirklich der *Lange Drache*?

Man muß das Ereignis selbst befragen, so wie Johannes der Täufer in seinem Gefängnis seine Jünger lehrte zu fragen:

Bist du derjenige, der da kommen soll; oder müssen wir noch auf einen Andern warten? (Matthäus 11,2-6; Lukas 7,18-23)[2]

Die Situation des Menschen ist dergestalt, daß es auf diese Frage nur eine zweideutige Antwort gibt:

Gehet und meldet Johannes, was ihr gesehen und gehöret: die Blinden sehen; die Lahmen gehen; die Aussätzigen werden rein; die Tauben hören; die Todten stehen auf; den Armen wird das Evangelium gepredigt. Und selig ist, der an mir keinen Anstoß nimmt!

Das ist ein Thema, das im Neuen Testament immer wiederkehrt: Man muß die Zeichen der Zeit zu lesen wissen. Dieses Lesen kann nicht rein objektiv sein, da es eine persönliche, mit einem Wagnis verbundene Entscheidung bedingt. Wer Ohren hat, zu hören, der höre.

Ein zweites Thema vermengt sich mit dem ersten: daß der Glaube die Verwirklichung ermöglicht. Für den, der bereit ist, zu hören, ist das Reich Gottes schon da. Für die Gemeinschaft der Gläubigen sind die Verheißungen teilweise bereits in Erfüllung gegangen:

Treu beharrten sie in der Lehre der Apostel, in gesellschaftlicher Verbindung, im Brechen des Brodes, und im Gebete. Jede Seele wurde mit Ehrfurcht erfüllt. Es geschahen auch durch die Apostel viele Wunder und Zeichen zu Jerusalem; und jeder war in furchtvollster Erwartung. Alle Gläubigen hielten sich zusammen; und hatten alles unter sich gemein. Hab und Gut verkauften sie, und theilten es unter Alle, Jedem nach seinem Bedürfniß. (Apostelgeschichte 2,42-45)[3]

Nach der Teilung von Hab und Gut ruft das gemeinsame Warten auf das Jüngste Gericht Verhaltensweisen hervor, die die ursprüngliche Möglichkeit zur Tatsache werden lassen. Die Prophezeiung geht in Erfüllung, wenn genügend viele Menschen an sie glauben – es ist ein bißchen so, als hinge das Kommen Olaf Tryggvasons von der Anzahl der Menschen ab, die seinen *drakkar* erkennen.

Diese Fähigkeit gewisser Voraussagen, von selber in Erfüllung zu gehen, wenn sie nur hinreichend viele Anhänger haben, gehört zu den Grundkonstanten des menschlichen Zusammenlebens. Wenn ich überzeugt bin, daß dieser oder jener Mensch mir feindlich gesinnt ist, werde ich Vorsichtsmaßregeln ergreifen, um mich gegen seine Machenschaften zu schützen, und werde mir so mit Sicherheit seine Feindschaft einhandeln, falls sie nicht von Anfang an bestanden haben sollte. Wenn diese oder jene Partei behauptet, die Perfidie unserer Nachbarn mache einen Krieg unvermeidlich, hat die Zukunft verschiedene Möglichkeiten, ihr recht zu geben. Wenn diese Meinung sich durchsetzt, kann sie zu einem Aufrüstungskurs mit ungewissem Ausgang, ja sogar zu einem Präventivschlag führen; denn wenn schon ein Krieg stattfinden muß, ergreifen wir lieber selbst die Initiative, statt abzuwarten, bis der vermeintliche Gegner seine Vorbereitungen abgeschlossen hat. Mehr noch: Selbst wenn die kriegstreiberische Partei kein großes Gehör im Land findet, kann die simple Gefahr, daß ihre Meinung sich durchsetzen *könnte*, unsere Nachbarn soweit beunruhigen, daß sie einige militärische Vorsichtsmaßregeln treffen, die natürlich sofort als stillschweigendes Eingeständnis kriegerischer Absichten denunziert werden und jene kriegstreiberischen Thesen als glaubwürdig erscheinen lassen, womit ein tödlicher Kreislauf in Gang gekommen ist.

Am besten sind derartige Situationen auf wirtschaftlichem Gebiet untersucht. Die Forscher haben sich schon seit langem mit der Rolle befaßt, welche die Prognosen der Beteiligten im Wirtschaftsprozeß spielen, und den Begriff der »rationalen Antizipation« eingeführt. Es handelt sich dabei um Voraussagen, die von der Wirklichkeit bestätigt werden und daher die Akteure in ihrer Sicht der Dinge bestärken. Man kann zum Beispiel glauben oder nicht glauben, daß die Wirtschaftszyklen mit den Sonnenzyklen zusammenhängen – mit anderen Worten, daß Sonnenflecken Wirtschaftskrisen auslösen. Aber alle jene, die an diesen Zusammenhang glauben, werden entsprechend ihrem Glauben disponieren, und wenn sie zahlreich genug sind, werden ihre Aktionen zusammengenommen den Effekt haben, eine Krise auszulösen, die ihnen recht gibt. Die Ungläubigen haben dann keine andere Wahl, als sich zu etwas zu bekehren, was von nun an eine volkswirtschaftliche Konstante sein wird – so lange, bis sich eine andere Meinung durchsetzt.

Grundelement des Wirtschaftslebens ist die Ungewißheit. Diese Ungewißheit betrifft natürlich zunächst einmal die Zukunft. Wer kann schon heute voraussehen, welchen Gewinn eine Investition in dreißig Jahren abwerfen wird? Dieses Problem hängt von so vielen verschiedenen Parametern ab, von denen einige wie etwa die politische Entwicklung oder der technische Fortschritt den volkswirtschaftlichen Rahmen im engeren Sinne sprengen, daß wir nicht mehr klarsehen können und auf jede seriöse Voraussage verzichten müssen. Es gibt aber auch eine Ungewißheit über die Gegenwart. Trotz aller regelmäßig publizierten und kommentierten statistischen Indikatoren kennt kein Mensch den wirklichen Zustand der Wirtschaft. Die Rezessionen folgen einander und ähneln einander, aber es ist immer noch genauso schwierig, ihren Beginn zu erkennen wie ihr Ende zu konstatieren. »Sind wir endlich aus der Krise heraus?« Diese Frage wird in regelmäßigen Abständen immer wieder aktuell, ebenso wie die andere Frage: »Ist die Krise schon da?«

Die Wirtschaftsindikatoren – sei es das Preisniveau, der Umfang der Arbeitslosigkeit oder die Außenhandelsbilanz – bedürfen nämlich, auch wenn sie objektiv meßbar sind, nichtsdestoweniger der Interpretation. Als solche sind sie zweideutig, so wie ein und dasselbe Symptom zu verschiedenen Krankheitsbildern gehören kann. Versetzen wir uns zum Beispiel in die Lage eines Produzenten, der sieht, daß auf seinem Sektor die Preise steigen. Er muß ermitteln, ob es sich bei dieser Preissteigerung um eine monetäre Illusion handelt – in diesem Falle wird er sich darauf beschränken, seine Preise dem allgemeinen Inflationsniveau anzupassen –, um eine vorübergehende Zunahme der Nachfrage – in diesem Fall muß er mit den vorhandenen Produktionsmitteln auskommen – oder um eine tiefergehende Bewegung – in diesem Fall muß er investieren, und zwar schleunigst, um sich diese neuen Marktanteile nicht von der Konkurrenz wegschnappen zu lassen. Eine fehlerhafte Einschätzung der Lage kann katastrophale Folgen für ihn haben, sei es, daß er zur Unzeit investiert hat und nun mit Überkapazitäten und einem Berg von Schulden dasteht, sei es, daß er die Zeichen der Zeit nicht erkannt hat und sich auf einem expandierenden Markt nicht mehr behaupten kann.

Auch die Verbraucher stehen vor einem derartigen Problem: Wir schieben eine größere Investition – Wohnung oder Auto – auf, in der Erwartung, daß die Preise oder die Zinsen fallen werden. Das Endergebnis ist, daß alle am Wirtschaftsleben Beteiligten ständig mit der Frage beschäftigt sind, was geschehen wird. Man muß kein großes Licht sein, um festzustellen, ob man sich in einer Zeit der Krise oder in einer Zeit der Expansion befindet. Was schwierig ist und deshalb die wertvollste Information darstellt, ist das Erkennen einer Tendenzwende. Wer das Ende der Krise richtig antizipiert hat, ist seinen noch von der Krisenangst gelähmten Konkurrenten einen entscheidenden Schritt voraus.

Das Bemerkenswerteste an der Analyse der wirtschaftlichen Lage ist, daß die Einschätzungen der Akteure integraler Bestandteil der Situation sind, die sie zu analysieren suchen. Wenn alle der Ansicht sind, daß die Krise noch andauert, unterbleiben Investitionen, der Konsum verlangsamt sich und die Krise geht weiter. Wenn dagegen alle finden, daß man aus der Krise heraus sei, sind wieder Mittel für Investitionen flüssig, die Nachfrage macht sich drastisch bemerkbar und es kommt zu dem sehnlich erwarteten Aufschwung. In der Realität werden die Meinungen natürlich so lange geteilt sein, bis eine von ihnen sich durchsetzt und die Situation umkippt – so, wie das Auftauchen des *Langen Drachen* die allgemeine Einigkeit herstellte.

Die Meinungen der anderen vorauszuahnen, die Reaktionen der Akteure zu antizipieren, bevor sie ihnen selbst zu Bewußtsein kommen, ist also in wirtschaftlichen Dingen eine Leistung von enormer Bedeutung. Das schlimmste ist jener Zustand des allgemeinen Abwartens, wo jeder sich in sein Schneckenhaus zurückzieht und auf bessere Tage hofft; das Ideale ist jenes Vertrauen, das alle Regierungen zu erwerben trachten und das es den Wirtschaftssubjekten – Produzenten wie Konsumenten – erlaubt, nicht an die Risiken zu denken, die sie eingehen.

Dieselben Mechanismen sind an der Börse im Spiel und bestimmen weitgehend den Wert der Aktien. Gewiß sind auch hier wirtschaftliche Überlegungen ausschlaggebend, und nichts läßt die Kurse mit solcher Sicherheit purzeln wie schlechte Bilanzen. Aber an den großen Börsenplätzen wie etwa New York und bei den wichtigsten Werten besteht der größte Teil der Transaktionen aus Käufen und

Verkäufen am gleichen Tag. Es ist klar, daß ein Anleger, der seine Aktien kaum 24 Stunden behält, sich wenig darum kümmert, was diese Aktien in fünf Jahren wert sein mögen. Was den Preis der Aktien bestimmt, ist der Markt, das heißt, es sind die Antizipationen, die Tausende von Anlegern in aller Welt in bezug auf die Reaktionen der anderen Anleger haben.

Diesen Punkt hat schon Keynes hervorgehoben:

Die berufliche Investition [kann] mit jenen Zeitungswettbewerben verglichen werden, bei denen die Teilnehmer die sechs hübschesten Gesichter von hundert Lichtbildern auszuwählen haben, wobei der Preis dem Teilnehmer zugesprochen wird, dessen Wahl am nächsten mit der durchschnittlichen Vorliebe aller Teilnehmer übereinstimmt, so daß jeder Teilnehmer nicht diejenigen Gesichter auszuwählen hat, die er selbst am hübschesten findet, sondern jene, von denen er denkt, daß sie am ehesten die Vorliebe der anderen Teilnehmer gewinnen werden, welche alle das Problem vom gleichen Gesichtspunkt aus betrachten. Es handelt sich nicht darum, jene auszuwählen, die nach dem eigenen Urteil wirklich die hübschesten sind, ja sogar nicht einmal jene, welche die durchschnittliche Meinung wirklich als die hübschesten betrachtet. Wir haben den dritten Grad erreicht, wo wir unsere Intelligenz der Vorwegnahme dessen widmen, was die durchschnittliche Meinung als das Ergebnis der durchschnittlichen Meinung erwartet. Und ich glaube, daß es sogar einige gibt, welche den vierten, fünften und noch höhere Grade ausüben.[4]

Einen Vorgeschmack dieser Feinheiten kann man sich mit Kinderspielen verschaffen, etwa dem Knobeln, wo beide Spieler gleichzeitig die Hand öffnen und es darauf ankommt, dieselbe Anzahl von Fingern zu zeigen wie der andere, oder dem Spiel »Papier/Schere/Stein«, wo man auf ein Signal entweder die offene Hand (»Papier«), zwei Finger (»Schere«) oder die Faust (»Stein«) zeigt, wobei der jeweilige Sieger nach festen Regeln ermittelt wird: Die Schere schneidet das Papier, das Papier wickelt den Stein ein, der Stein macht die Schere stumpf. Der Witz des Spieles besteht darin, dem Gegner einen Schritt voraus zu sein. Wenn er beim vorigen Mal mit »Papier« gewonnen hat, weil ich »Stein« gespielt habe, könnte er versucht sein, das, womit er schon einmal gewonnen hat, wieder zu versuchen. Das ist natürlich naiv; man könnte von einer List nullten Grades sprechen. Sie setzt voraus, daß ich selber wieder »Stein« spiele, das heißt, daß ich an meiner Verluststrategie festhalte. Wahrscheinlicher ist, daß ich die Reaktion meines Gegners antizipiere und selber »Schere« spiele, um seine naive Strategie zu durchkreuzen. Wenn mein Gegner zu einem Mindestmaß an Reflexion fähig ist, wird er es für wahrscheinlich halten, daß ich meine Verluststrategie modifizieren werde, und dieselbe Überlegung wie ich anstellen. Durch Antizipation meiner Schlußfolgerung wird er daher mit »Schere« rechnen und sich entschließen, »Stein« zu spielen; das wäre die List ersten Grades. Nichts kann mich hindern, ihm auf diesem Gedankengang zu folgen und »Papier« zu spielen, und wenn mein Gegner glaubt, daß ich das tun werde, so wird er »Schere« spielen. Die List zweiten Grades läuft in diesem Fall auf die List nullten Grades hinaus, das heißt, ein und dieselbe Strategie kann naiv, aber auch sehr raffiniert sein. Wie steht es dann erst mit der List dritten, vierten oder eines höheren Grades?

Denken wir an die Angst des Torwarts beim Elfmeter. Der Torwart darf sich erst bewegen, wenn der Ball abgespielt ist, und sein Sprung muß praktisch gleichzeitig mit dem Schuß erfolgen, wenn er eine Chance haben will, den Ball zu halten. Da er nur für minimale Korrekturen Zeit hat, muß er um so mehr die Intention des Spielers antizipieren und sich beispielsweise entscheiden, nach welcher Seite des Tors er springen will. Manche Torwarte haben mit Erfolg versucht, den Schuß nach den Gewohnheiten des Spielers, seinem Erschöpfungsgrad und den vorangegangenen Strafstößen vorauszusehen. Aber der eine Fußballer ist nicht dümmer als der andere, und so wird der Feldspieler versuchen, die Intentionen des Torwarts zu antizipieren. Aus diesem Grund lassen sich andere Torwarte erst gar nicht auf dieses endlose Spiel wechselseitiger Antizipationen ein, sondern vertrauen auf den Zufall oder die Eingebung des Augenblicks.

»Der Tormann überlegt, in welche Ecke der andere schießen wird«, sagte Bloch. »Wenn er den Schützen kennt, weiß er, welche Ecke er sich in der Regel aussucht. Möglicherweise rechnet aber auch der

Elfmeterschütze damit, daß der Tormann sich das überlegt. Also überlegt sich der Tormann weiter, daß der Ball heute einmal in die andere Ecke kommt. Wie aber, wenn der Schütze noch immer mit dem Tormann mitdenkt und nun doch in die übliche Ecke schießen will? Und so weiter, und so weiter.«[5]

Aus allen diesen Situationen geht eindeutig hervor, daß es keine Methode geben kann, die einem der Spieler den Sieg garantiert. Denn man muß davon ausgehen, daß beide sich rational verhalten, daß sie über dieselben Informationen verfügen und daß daher jeder von beiden in der Lage ist, die Überlegungen des Gegners nachzuvollziehen. Gäbe es ein unwiderlegbares Argument, das zum Beispiel den Torwart davon überzeugte, nach rechts springen zu müssen, so wäre dieses Argument genauso seinem Gegner bekannt, und dieser würde es für vollkommen überzeugend halten, daher die Reaktion des Torwarts vollkommen zutreffend antizipieren – und in die andere Ecke schießen.

Das Beste, was die Spieltheorie in die Analyse derartiger Situationen hat einbringen können, war daher ein Zufallsmoment bei der Entscheidungsfindung. Wenn der Torwart durch Werfen einer Münze auslost, ob er nach rechts oder nach links springt, hat er sich ein für allemal gegen die scharfsinnigsten Überlegungen seiner Gegenspieler gewappnet, und wenn seine Fußballerlaufbahn hinreichend lang ist, wird er in der Hälfte aller Fälle recht behalten. Er darf nur nicht der Versuchung erliegen, seinem eigenen Scharfsinn zu trauen; denn das würde unfehlbar wieder die Maschinerie der Antizipationen ins Spiel bringen. Wenn er beispielsweise feststellt, daß die Strafstöße systematisch in die rechte Ecke geschossen werden, darf er deswegen nicht weniger oft in die linke Ecke springen. Jede Änderung seiner Strategie würde nämlich sofort von seinem Gegner registriert und zu einigen Schüssen in die linke Ecke ausgenutzt. Diese systematischen Schüsse in immer dieselbe Ecke dürften denn auch den Zweck haben, den Torwart von seiner Zufallsstrategie (»Kopf oder Zahl«) abzubringen und auf das Feld konkurrierender Antizipationen zurückzulocken, auf dem der Gegner sich wohler fühlt.

Als der Mathematiker E. Borel 1930 die Einführung eines Zufallselements in die Strategien der Spieler vorschlug, sah er darin vor allem ein Prinzip der Ökonomie, das den Rückgriff auf die List überflüssig machte und aus dem Teufelskreis reziproker Antizipationen herausführte. Heutzutage hebt man mehr die informationstheoretischen Folgen dieser Zufallsstrategien hervor. Der Torwart läßt seine Gegenspieler bewußt in einer Situation der Ungewißheit: Ihre scharfsinnigsten Überlegungen und ihre subtilsten Strategien können nicht verhindern, daß er mit seiner Zufallsstrategie in der Hälfte aller Fälle recht behält. Sogar ein Verrat würde ihnen nicht helfen: Wenn der Torwart seiner Geliebten anvertraut, daß er vorhat, die Ecke, in die er springen wird, durch das Werfen einer Münze auszulosen, und diese Information zur Kenntnis seiner Gegner gelangt, so werden deren Erfolgschancen dadurch nicht größer. Er kann sogar *urbi et orbi* verkünden, daß er nicht nur bei dieser Begegnung, sondern für den Rest seines Fußballerlebens nach dem Zufallsprinzip verfahren wird, und niemand kann daraus einen Vorteil ziehen. Dafür muß er sich natürlich verbieten, aus eventuellen statistischen Auffälligkeiten, die er im Spiel seiner Gegner bemerkt, seine eigene Erfolgsquote verbessern zu wollen. Damit würde er nämlich in seine eigene Strategie ein statistisches Ungleichgewicht einführen (das heißt, er würde eine Seite des Tors gegenüber der anderen bevorzugen), aus dem ein geschickter Gegner Nutzen ziehen könnte. Anders ausgedrückt, er muß kurzfristig auf leichte Gewinne verzichten können, um nicht Informationen zu liefern, die langfristig zu seinen Ungunsten ausschlagen können.

Wir wollen nun diese Analyse auf einen geeigneteren Rahmen übertragen, und zwar auf das Pokern. Es mag paradox erscheinen, daß man einem Pokerspieler den Rat gibt, seine Entscheidungen durch Losen zu bestimmen, und daß dies unter bestimmten Umständen sogar das optimale Verfahren sein soll. Trotzdem werden wir genau dieses tun – wenn auch nicht beim Pokern selbst, so doch in einer stark vereinfachten Version dieses Spiels. Die Ergebnisse, die wir erhalten werden, gelten auch für das Pokern, während die effektiven Berechnungen für dieses Spiel zu komplex sind.

Man spielt unser Spiel nur gegen einen Bankhalter. Zunächst müssen Sie eine bestimmte Summe setzen; der Bankhalter muß gleichziehen, das heißt, er muß dieselbe Summe setzen. Anschließend nimmt der Bankhalter ein neues Paket Karten, öffnet es und entfernt alle Siebener, die er vor sich aufgedeckt hinlegt. Dann mischt er die restlichen Karten und läßt Sie abheben. Der Kartenstoß wird nun in eine Mischmaschine gelegt, und die erste Karte ist für Sie. Der Bankhalter schiebt Sie Ihnen verdeckt mit einem langen Rechen zu. Eine weitere Karte wird nicht gezogen.

Es kommt nun darauf an, daß man eine höhere Karte als die Siebener des Bankhalters hat. Das As zählt als 1; es gibt also vierundzwanzig Karten, die niedriger, und vierundzwanzig, die höher sind als die Siebener. Die Chancen stehen demnach 1 zu 2, daß Sie eine Gewinnkarte, und 1 zu 2, daß Sie eine Verlustkarte bekommen.

Nachdem Sie einen verstohlenen Blick auf Ihre Karte geworfen haben, haben Sie zwei Möglichkeiten: Sie können passen oder Sie können erhöhen. Wenn Sie passen, zieht der Bankhalter die Einsätze ein und die Partie ist zu Ende. Wenn Sie erhöhen, muß neu gesetzt werden, und zwar immer dieselbe Summe. Der Bankhalter hat nun seinerseits zwei Möglichkeiten: Er kann passen oder er kann sich Ihre Karte zeigen lassen. Wenn er paßt, gehören die Einsätze Ihnen. Wenn er Ihre Karte sehen will, muß er gleichzeitig neu setzen, und zwar wiederum dieselbe Summe. Sie drehen Ihre Karte um, der Bankhalter nimmt seine Sieben, und die höhere Karte gewinnt die Einsätze. Auf jeden Fall ist die Partie an dieser Stelle zu Ende.

Eine erste Analyse zeigt, daß es genau vier mögliche Strategien gibt:

– bei einer guten Karte erhöhen, bei einer schlechten passen;
– immer erhöhen;
– bei einer guten Karte passen, bei einer schlechten erhöhen;
– immer passen.

Die vierte Strategie ist offenbar zu verwerfen, da sie mit Sicherheit zum Verlust des ursprünglichen Einsatzes führt. Man sieht auch nicht recht, warum der Spieler ständig für das Recht auf Teilnahme an dem Spiel zahlen soll (das ist ja der Sinn des ersten Einsatzes), wenn er doch bloß immer passen will.

Die dritte Strategie scheint paradox zu sein. Trotzdem bietet sie eine Gewinnmöglichkeit, falls der Bankhalter sich nach dem Erhöhen zurückziehen sollte. Wenn der Bankhalter jedoch systematisch sehen will, ist der Verlust maximal, weil man jedesmal, wenn man eine gute Karte hat, den einfachen Einsatz verliert, und jedesmal, wenn man eine schlechte Karte hat, den doppelten Einsatz verliert, was einen durchschnittlichen Verlust von anderthalb Einsätzen ergibt.

Die beiden anderen Strategien sind ergiebiger. Die erste führt zum Verlust eines Einsatzes, wenn die Karte schlecht ist, und zum Gewinn eines Einsatzes, wenn sie gut ist – falls der Bankhalter nicht erhöht, in welchem Falle man zwei Einsätze gewinnt. Wenn der Bankhalter systematisch paßt, sind die Gewinnchancen null. Bei der zweiten Strategie (immer erhöhen) hängt das Resultat von der Strategie des Bankhalters ab:

– wenn er systematisch paßt, gewinnt man in jedem Fall einen Einsatz;

– wenn er sehen will, verliert man zwei Einsätze bei einer schlechten Karte und gewinnt zwei Einsätze bei einer guten, was insgesamt die Gewinnchance null ergibt.

Schlüpfen wir nun in die Haut eines ausgebufften Spielers, eines Routiniers, der jeden Abend im Spielcasino zu verbringen pflegt! Welche Strategie er auch verfolgt, der Bankhalter wird sie auf die Dauer durchschauen und sich entsprechend dagegen verteidigen. Wenn der Spieler systematisch erhöht, wird der Bankhalter systematisch sehen wollen, und wenn der Spieler bei einer schlechten Karte ständig paßt, wird der Bankhalter nie sehen wollen. Es scheint also, als könne der Bankhalter die Gewinnchancen des Spielers ständig auf null reduzieren.

So gesehen wird deutlich, daß alle Strategien denselben Fehler aufweisen: Sie verraten sich dadurch, daß sie systematisch befolgt werden. Diese Information kann der Bankhalter, sobald er sie erkannt hat, gegen den Spieler verwenden, und mit ihrer Hilfe kann er dessen Gewinnchancen auf null reduzieren. Will der Spieler seine Gewinnchancen verbessern, muß er eine Methode finden, um die Information zu verhehlen und seine Strategie zu verbergen.

Eine solche Methode gibt es: Sie besteht eben darin, sich einer Zufallsstrategie zu bedienen. Wenn der Spieler beschließt, mit einer schlechten Karte in zwei von drei Fällen zu passen, aber beim drittenmal zu erhöhen, zeigt eine Berechnung, daß er durchschnittlich aus drei Partien einmal den Einsatz gewinnt, was keineswegs zu vernachlässigen ist. Was hierbei geschieht, ist, daß er bei dieser Spielweise den Bankhalter der Möglichkeit beraubt, aus dem Ablauf der Partien eine verwertbare Information zu gewinnen. Gleichgültig, welche Strategie der Bankhalter verfolgt – ob er systematisch paßt, systematisch setzt oder seinerseits eine gemischte Strategie verfolgt –, der durchschnittliche Gewinn wird davon nicht berührt, und sein Gegner wird weiter einen Einsatz je drei Partien einstreichen – wohlgemerkt unter der Voraussetzung, daß der Spieler seiner ursprünglich festgesetzten Strategie treu bleibt, das heißt, auch mit einer schlechten Karte jedes dritte Mal erhöht. Eine Berechnung zeigt sogar, daß diese Spielweise optimal ist, das heißt, daß es keine andere Strategie gibt, mit der man gegen jede mögliche Verteidigung besser abschneidet.

Das Erhöhen mit einer schlechten Karte hat einen eigenen Namen: man nennt es »bluffen«. Mit einem erfolgreichen Bluff gewinnt man eine Partie mit Karten, die normalerweise nicht gewonnen hätten.

Der Anfänger ist von dieser Möglichkeit wie benebelt und blufft entweder ununterbrochen oder, vor lauter Angst, überhaupt nicht. Der erfahrene Spieler hingegen weiß, daß man einen Bluff verlieren können muß, damit der Gegner, der einen dabei ertappt, weiß, daß man über das Bluffen nicht erhaben ist, und sich verleiten läßt, beim nächsten Erhöhen mitzugehen; denn man will ja, daß der Bankhalter in der zweiten Runde bei einer schlechten Karte paßt und bei einer guten mitgeht. Der Bluff verfolgt zwei gegensätzliche Ziele, nämlich daß der Bankhalter in der zweiten Runde bei einer guten Karte paßt und bei einer schlechten Karte mitgeht. Um diese Ziele zu erreichen, muß man die Ungewißheit des Gegners erhalten und daher eine nicht prognostizierbare Strategie verfolgen. Um nicht prognostizierbar zu sein, muß diese Strategie zufällig sein. Es lohnt sich nicht, systematisch zu bluffen, selbst wenn man dabei das ideale Verhältnis von 1 : 3 beobachtet und beispielsweise beschließt, jedes dritte Mal zu bluffen (bei drei schlechten Karten paßt man die ersten beiden Male und erhöht beim drittenmal). Auf lange Sicht gesehen wird der Bankhalter dieses System durchschauen und aus dieser Information Nutzen ziehen. Er weiß dann zum Beispiel, daß, wenn Sie bei einem Bluff ertappt worden sind (Sie haben erhöht, und er hat sich die Karten zeigen lassen), er für die nächsten beiden Male in Sicherheit ist und daß er sich dann systematisch jedesmal zurückziehen kann, wenn Sie setzen. Diese neue Strategie verringert demnach Ihre Gewinnchancen.

Man sieht also, daß der Bankhalter ein Interesse daran hat, permanent unsere Reaktionen zu erkunden, um die Fehler in unseren Entscheidungen oder die unbewußten Vorlieben, die wir in unserer Spielweise erkennen lassen, aufzudecken. Auch für ihn ist die beste Strategie eine Zufallsstrategie. Die Berechnung zeigt, daß, wenn der Spieler erhöht hat, der Bankhalter sich jedes dritte Mal zurückhalten und sich zwei von drei Malen die Karten zeigen lassen sollte.

Damit eine Strategie wirklich undurchdringlich ist und von Partie zu Partie unprognostizierbar bleibt, ist es am besten, wenn sie auch für den, der sie anwendet, unprognostizierbar und also zufällig ist. Wenn der Spieler sich zu einem Bluff als Funktion des Spielverlaufs oder des Augenblickseindrucks entschließt, besteht die Gefahr, daß seine Überlegungen vom Gegner aufgedeckt werden, der seinen Eindruck teilt. Wenn er dagegen würfelt und es dem Zufall überläßt, ob er setzt (bei einer 1 oder 2) oder paßt (bei einer 3, 4, 5 oder 6), hat er sich vor jeder Antizipation geschützt – vorausgesetzt, er hat unbeobachtet vom Gegner gewürfelt. Wichtig ist, daß man dem Zufall blindlings folgt und nicht versucht, das Schicksal zu beeinflussen oder gegen den Strich zu lesen wie der Richter Gänszaum bei Rabelais, der Gerichtsurteile auszuwürfeln pflegte:

»Ich machs halt wie ihr andern Herrn, und nach dem Gerichtsbrauch, welchem uns in unsern Rechten allezeit zu deferieren geboten ist: ut not. extra. de consuet. c. ex litteris. et ibi Innoc. Hab ich zuvor erst wohl studiert, durchwälzt, gelesen, wiedergelesen, repetieret und revidieret die Petitiones, Citationes, Comparitiones, Commissiones, Informationes, Präliminaria, Productiones, Allegationes, Intentiones, Contradictiones, Inquisitoria, Suppliken, Dupliken, Tripliken, Exceptiones, Gesetz, Anticipatoria, Gravamina, Declinatoria, Compulsoria, Salvationes, Repetitiones, Confrontationes, Kreuzverhör, Klagschriften, Bericht, Rescripta Principis, Evocationes, Appellationes, Rejectiones, Conclusiones, Inhibitiones, Provisoria, Läuterungsurtel, Geständnis, Rügen und mehr dergleichen süße Confect und Zuckerkörnlein auf beiden Seiten, wie die Pflicht des guten Richters erheischt in Folge ejus quod not. Spec. de ordination. §. 3. et tit. de offic. omn. jud. §. fin. et de rescriptis praesentat. §. 1: leg ich in meiner Schreibstub sämtliche Acta des Beklagten auf ein End des Tisches und werf zuerst für ihn, wie ihr andern Herrn, und wie not. l. favorabiliores. ff. de reg. jur. et in cap. cum sunt. eod. tit. lib. 6: da stehet, *Cum sunt partium jura obscura, reo favendum potius quam actori.* Wann dies beschehen, leg ich, just wie ihr andern Herrn, des Klägers Acta aufs andre End, visum visu; sintemalen *opposita juxta se posita magis elucescunt,* ut not. in l. 1. §. videamus. ff. de his qui sunt sui vel alieni juris, et in l. munerum. §. mixta. ff. de muner. et honor. und werf für ihn zu gleicher Zeit desselbengleichen.«

»Aber woran«, frug Breitmaul, »Freund, erkennet ihr die Dunkelheit der von den Parten bestrittenen Recht?« – »Wie ihr andern Herrn«, antwortet' Gänszaum, »daraus, daß auf beiden Seiten viel Acta liegen. Dann nehm ich, wie ihr andern Herrn, meine kleineren Würfel zur Hand, nach der Lex Semper in stipulationibus. ff. de regulis juris, und Lex Versalis in Versenque eod. tit. *Semper in obscuris quod minimum est sequimur,* canonisieret in c. in obscuris. eod. tit. lib. 6. Ich hab auch noch andre große Würfel, gar harmonisch und angenehm, da werf ich mit, wie ihr andern Herrn, wo die Sach schon liquider ist, das ist, wo nicht so viel Acta sind.« –

Demnächst frug Breitmaul: »Und wie faßt ihr das Urtel, mein Freund?« – »Wie ihr andern Herrn«, antwortet' Gänszaum: »ich gebs für den ab, des Wurf der erst war nach dem Los des judiciarisch-tribunianisch-prätorialischen Würfelspiels. Also erforderns unsre Recht ff. qui pot. in pig. l. potior. l. creditor. c. de consul. l. 1. Et de regulis juris. in 6. Qui prior est tempore potior est jure.«[6]

Wir sollten uns über Gänszaum nicht mokieren, den Rabelais übrigens mit großer Nachsicht behandelt. Richter und Priester, Generale und Diktatoren, Könige und Kaiser haben im Laufe der Jahrhunderte Dinge von weit größerer Tragweite so entschieden: mit Würfeln, Vogelflug, Pferdegewieher, dem Freßverhalten heiliger Hühner, der Eingeweideschau, einer Mißgeburt, dem Durchzug eines Kometen, dem Lesen im Kaffeesatz, den rätselhaften Sprüchen der Pythia, der Glut im Herd, einer Rauchwolke, den Linien der Hand, einem Niesen, einem Rufen, einem Traum. Die Menschheit ist begierig, das Schicksal zu erforschen und seine Zeichen zu deuten; hat sie nicht zugleich auch den Wunsch, hinter die Absichen des unbekannten anderen zu kommen? Haben wir es mit der Partie gegen einen Spieler zu tun, dessen überlegenes Geschick darin besteht, nicht nur seine Strategie, sondern sogar seine Existenz und seine Erwartung an uns vor uns zu verhehlen?

Oder haben wir ganz einfach Angst vor dem Risiko? Versuchen wir verzweifelt, die auf unseren Schultern lastende Verantwortung loszuwerden? Bei einer gewöhnlichen Entscheidung, bei der es immer die Möglichkeit gibt, seinen Entschluß zurückzunehmen, kann man es sich erlauben, sich selbst in die Tasche zu lügen, und man kann sich die statistischen Erfolge der Zufallsstrategie zunutze machen. Die Verluste von heute werden durch die Gewinne von morgen wettgemacht. Aber was wissen wir von der Einsamkeit der Athener vor der Schlacht von Salamis? Die anderen griechischen Städte hatten vor den Medern praktisch kampflos die Segel gestrichen. Allein die Athener hatten ihre Stadt aufgegeben und sich trotz ihrer nautischen Unerfahrenheit aufs Meer gewagt; Frauen und Kinder hatten sie auf der Insel Salamis in Sicherheit gebracht, und nun standen sie bereit, einer Flotte und einer Armee gegenüberzutreten, die ihnen zahlenmäßig im Verhältnis 10 : 1 überlegen waren. Falls diese Entscheidung sich als falsch erweisen sollte, würde es keine zweite Chance geben; dann würden die Männer über die Klinge springen, Frauen und Kinder würden in die Sklaverei verkauft, und die Athener samt ihrer Stadt würden dem ewigen Vergessen anheimfallen.

Derartige extreme Beispiele sind selten; aber wir alle müssen immer wieder ähnlich schwerwiegende Entscheidungen unter Umständen treffen, die so nie wieder eintreten werden. Die Eheschließung oder die Berufswahl sind für ein ganzes Leben verpflichtend; eine

Investition oder der Kauf einer Wohnung stellen ein bedeutendes finanzielles Risiko dar. Jede dieser Entscheidungen ist in ihrer Art einmalig und mit Ungewißheit verbunden; wir wissen, wenn wir sie treffen, daß es kein Zurück mehr geben wird, daß wir aber trotzdem nicht alle Aspekte des Problems überschauen. So ist es nur zu gut verständlich, daß man alle erdenklichen Informationen zusammenträgt, die mit dem Problem auch nur im entferntesten zu tun haben, etwa über das Freßverhalten heiliger Hühner oder das Auftreten von Sonnenflecken. Es kann dabei auch ein Effekt in der Art der sich selbst erfüllenden Weissagung eintreten: Wenn die Brautleute überzeugt sind, daß ihre Ehe unter einem guten Stern steht, kann das für ihr künftiges Zusammenleben nur von Vorteil sein. Wenn alle Investoren überzeugt sind, daß Sonnenflecken Wirtschaftskrisen auslösen, treffen sie ihre Dispositionen in dem Augenblick, wo diese Flecken am ausgeprägtesten sind, und provozieren damit eben jene Krise, die sie vorausgesehen haben. Orakel und alle Arten von Wahrsagerei spielen ganz offensichtlich eine wichtige Rolle in der Gesellschaft, indem sie die individuellen Prognosen an einem für die Gemeinschaft günstigen Ziel ausrichten und dadurch ihre Chancen auf Verwirklichung erhöhen. Als die Chaldäer Jerusalem belagerten, zogen die Propheten durch alle Straßen der Stadt und sagten das Herannahen der Ägypter und die Aufhebung der Belagerung vorher; es bedurfte schon eines Jeremias, um Defätismus zu predigen:

Wer in dieser Stadt bleibt, der wird durchs Schwert, durch Hungersnoth, und Pest umkommen; wer aber hinausgeht zu den Chaldäern, der wird am Leben bleiben, und seine Seele wird ihm zur Beute sein, und er wird leben.[7]

Man begreift die heftige Reaktion der Platzkommandanten und des Königs Zedekias, die Jeremias in eine Zisterne werfen ließen; aber gerade dessen Nonkonformismus war das sicherste Zeichen dafür, daß er von Jahwe erwählt worden war.

Das ist übrigens auch der tiefere Sinn der Lehrfabel von Gänszaum und des Ausgangs der Sache (Kap. XLI). Wenn der Streit nach einem langen und blühenden Leben endlich dahinwelkt, wenn die Parteien durch den Prozeß und die Berufungen ruiniert sind, sie den Kredit ihrer Familien und ihrer Freunde erschöpft haben und die anfängliche Wut längst dem Überdruß gewichen ist – dann ist der Zeitpunkt der Versöhnung gekommen. Alle Beteiligten wollen nur noch ihre Ruhe haben. Bloß eines hält sie zurück: die Blamage, den ersten Schritt tun zu müssen. Es bedarf daher nur mehr eines äußeren Signals – des Urteils, das gefällt wird, eines Schlichters, der eingreift –, damit die Prozeßgegner einander die Hand reichen und den Streit begraben können. Wie die Entscheidung letztlich ausfällt, ist gleichgültig – wichtig ist, daß überhaupt eine fällt. So kann Gänszaum die Sache in seinem Arbeitszimmer, vor den Säcken mit Schriftstücken, genausogut auswürfeln. Der Prozeß ist zum Abschluß gekommen, die ursprünglichen Klagegründe sind längst vergessen. Gänszaum Orakel schafft die formellen Voraussetzungen dafür, daß die Parteien sich aussöhnen und die Risse im sozialen Netz flicken können. Zu diesem Zweck auf das Los zurückzugreifen, wäre absurd, wenn es um die Anwendung logischer und moralischer Kriterien ginge. Doch ist der Losentscheid durchaus vernünftig, wenn es darum geht, ein soziales Signal zu setzen – so wie im Falle der zwei Autofahrer, die gleichzeitig an eine Kreuzung kommen und sich einig sind, daß die Farbe der Ampel darüber entscheiden soll, wer Vorfahrt hat.

In einem berühmten Vortrag über die Märchen aus *Tausendundeiner Nacht* erzählt Jorge Luís Borges eine Geschichte, die ich in meiner Ausgabe des Werkes nicht habe finden können. Es geht um einen Mann aus Kairo, der im Traum den Befehl erhielt, nach Isfahan zu reisen und dort eine bestimmte Moschee aufzusuchen, wo ein Schatz auf ihn warten sollte. Der Traum kehrte mehrere Male wieder, so daß unser Mann die Reise schließlich antrat. Das war keine Kleinigkeit; er zog mit mancher Karawane mit und fiel mehr als einmal unter die Räuber, bevor er schließlich, erschöpft und mittellos, in Isfahan ankam. Er verbrachte die Nacht in der fraglichen Moschee, und es stellte sich heraus, daß sie der Zufluchtsort von Dieben war. In derselben Nacht veranstaltete die Polizei eine Razzia. Nach Empfang einer tüchtigen Tracht Prügel wurde der Mann aus Kairo vor den

Kadi geschleppt und mußte erklären, was er in der Moschee zu suchen hatte. Er erzählte also seine Geschichte, und der Richter brach in ein solch homerisches Gelächter aus, daß er rücklings vom Stuhl fiel. Nachdem er sich erholt und die Tränen aus den Augen gewischt hatte, wandte er sich mit folgenden Worten an den Mann aus Kairo: »Einfältiger, leichtgläubiger Fremder! Dreimal hat mir geträumt, ich solle nach Kairo gehen, in eine bestimmte Straße, und in der Straße würde ich ein Haus finden, und in dem Haus einen Garten, und in dem Garten ein Wasserbecken, eine Sonnenuhr und einen alten Feigenbaum, und unter dem Feigenbaum einen Schatz. Nicht ein einziges Mal habe ich daran geglaubt, und heute sehe ich, daß ich gut daran getan habe. Hier hast du Geld; nimm es, kehre in deine Heimat zurück und hüte dich künftig davor, an Träume zu glauben, die dir der Böse eingegeben hat!« Der Mann aus Kairo dankte dem Kadi, kehrte nach Hause zurück, ging in seinen Garten, grub unter dem Feigenbaum, zwischen dem Wasserbecken und der Sonnenuhr, und fand den Schatz.

Das Schöne an dieser Geschichte ist, daß sich der Kadi wie der Reisende gleichermaßen zur Trefflichkeit ihres Urteils beglückwünschen können. Ihre Analysen widersprechen einander diametral, werden aber eine wie die andere völlig von den Tatsachen gedeckt. Der Kadi in Isfahan wird sich bis zu seinem Tode über die einfältigen Menschen amüsieren, die eine so lange Reise unternehmen, um einen Schatz zu suchen, den es nicht gibt; und der Mann aus Kairo wird sich zeit seines Lebens freuen, an seinen Traum geglaubt zu haben. Beide Männer haben, jeder auf seine Weise, vollkommen richtig antizipiert.

4
Chaos

Einar Bogenschüttler war auf dem »Langen Drachen« geblieben, mittschiffs, wo Platz für die Mannschaft ist. Er schoß mit dem Bogen und war der beste Bogenschütze von allen. Einar schoß auf Jarl Eirik und traf das Ende des Steuerruders über dem Kopf des Jarls, so daß der Pfeil bis zum Schaftband steckenblieb. Der Jarl sah das und fragte, ob jemand wisse, wer da schoß, aber im gleichen Augenblick kam schon ein zweiter Pfeil so nah an dem Jarl vorbeigeflogen, daß er zwischen seiner Seite und seiner Hand hindurchging und dann in die Rückenlehne des Steuermannsitzes drang, so daß die Pfeilspitze weit herausragte. Da sagte der Jarl zu einem Mann, den einige Finn nennen, von dem andere aber behaupten, er sei Finne gewesen – jedenfalls war er ein besonders guter Bogenschütze –: »Schieß auf den großen Mann dort im Mannschaftsraum!« Finn schoß, und der Pfeil traf Einars Bogen genau in dem Augenblick, als Einar ihn zum drittenmal spannte. Der Bogen zerbrach in zwei Teile.

Da fragte König Olaf: »Was brach da mit so lautem Krachen?« Einar antwortete: »Norwegen aus deinen Händen, König.« – »Nie zuvor gab es einen solchen Lärm«, sagte der König. »Nimm meinen Bogen und schieß damit.« Und er warf ihm den Bogen zu. Einar nahm den Bogen, spannte ihn über die Spitze des Pfeiles hinaus und rief: »Zu weich, zu weich ist der Bogen des Herrschers.« Er warf ihm den Bogen zurück, nahm seinen Schild und sein Schwert und stürzte sich in den Kampf.[1]

Die Schlacht bei Svolder endete mit einer Niederlage. Nach erbittertem Kampf erlagen die Verteidiger des *Langen Drachen* der Überzahl. Wer nicht mit der Waffe in der Hand starb, sprang über Bord, um nicht dem Feind in die Hände zu fallen; so auch König Olaf, dessen

Leichnam niemals gefunden wurde und dessen Verschwinden von Geheimnissen umwittert blieb. Einar Bogenschüttler aber überlebte das Massaker. Er war erst achtzehn, und wenn die Saga eigens sein Alter erwähnt, dann darum, weil es eine Ehre war, schon in so jungen Jahren zur Leibgarde des Königs zu gehören. Einar war eine farbige Persönlichkeit und einer der treuesten Gefährten des hl. Olaf. Er starb erst viele Jahre später – zusammen mit seinem Sohn – in einem Hinterhalt, den ihm König Harald der Harte gelegt hatte.

Norwegen wurde unter den drei siegreichen Verbündeten – den Königen von Schweden und von Dänemark sowie Jarl Eirik – aufgeteilt. Im Triumphzug verließen die Sieger die Walstatt, und zwar auf den Schiffen Olaf Tryggvasons, an der Spitze Jarl Eirik im *Langen Drachen*.

Es hätte nur wenig gefehlt, und der Kampf wäre ganz anders ausgegangen. Der Pfeil Einar Bogenschüttlers verfehlte den Kopf beziehungsweise die Brust des Jarls Eirik zweimal nur um wenige Zentimeter. Mit seiner Wucht wäre er tödlich gewesen. Dagegen traf Finns Pfeil den Bogen Einars just in dem Moment, wo dieser ihn zum drittenmal spannte – ein Wunder an örtlicher und zeitlicher Präzision. Welch ein Glück für den einen und welch ein Pech für den anderen! Wäre Jarl Eirik getötet worden, so wäre der *Lange Drache* freigekommen, und das Blatt hätte sich gewendet. Olaf Tryggvason hätte sein Königreich behalten, und Norwegen wäre jene lange Periode der Unruhe erspart geblieben, die erst mit der Thronbesteigung Olaf Haraldssons enden sollte. Letzterer hätte zweifellos weiterhin ein Schattendasein geführt, und das Meisterwerk der Saga vom hl. Olaf wäre ungeschrieben geblieben.

Man kann darüber staunen, daß einige Zentimeter in der Flugbahn eines Pfeils die Geschicke der Menschen verändern und über das Schicksal eines ganzen Reiches entscheiden können; letztlich reduzieren sie sich auf die Differenz einiger Zehntelmillimeter in der Haltung des Schützen und die Differenz von ein paar Zehntelsekunden beim Augenblick des Schusses. Ein guter Schütze weiß sich diese sehr große Empfindlichkeit zunutze zu machen. Eine unendlich kleine Ablenkung der Hand führt zu einer wahrnehmbaren Veränderung der Flugbahn des Pfeils, was den Bogenschuß erst möglich und interessant macht. Das Bogenschießen verlangt eine Präzision der Bewegungen und eine Feinheit der Berechnung, die zwar weit über das hinausgehen, was ein Anfänger kraft seiner Naturanlagen mitbringt, die man aber langfristig durch methodisches und ausdauerndes Training erlernen kann. Was wir uns durch eine rigorose Praxis aneignen, wird zur zweiten Natur, die uns neue Wahrnehmungen ermöglicht. Um einen Stein zu werfen, bedarf es keiner derartigen Disziplin; aber die Steinewerfer sind auch weniger effizient als die Bogenschützen, jedenfalls so lange, wie sie sich nicht einer Schleuder bedienen, einer Waffe indes, die wiederum nicht jeder erstbeste bedienen kann!

Schon Pascal hat die Beobachtung gemacht, daß Angelegenheiten von größter Tragweite durch Unwägbarkeiten entschieden werden: »Die Nase der Kleopatra: Wäre sie kürzer gewesen, so hätte sich das ganze Antlitz der Erde verwandelt.«[2] Und in der Tat: Wenn die Flotte des Antonius sich in der Seeschlacht bei Aktium auflöste, während der Sieg schon fast in Reichweite war, dann deshalb, weil das Schiff des Admirals das Schlachtfeld verließ, um die Galeere der Kleopatra zu verfolgen, die den allzu harten Kampf schon aufgegeben hatte. Wäre eine römische Welt, in der nicht Augustus, sondern Antonius regiert hätte, sehr viel anders gewesen als die uns bekannte? Man kann das bezweifeln; man kann aber auch der Ansicht sein, daß die geistige Hochblüte des Augusteischen Zeitalters aufs engste mit der Persönlichkeit des Augustus und der seines Freundes Maecenas verknüpft war und daß wir ohne jenen Zufall heute weder Vergil noch Horaz noch alle die anderen schöpferischen Geister besäßen, die unsere Kultur aufs tiefste geprägt haben.

Ich erinnere mich, vor langer Zeit eine Science-fiction-Geschichte gelesen zu haben, deren Autor und Titel mir entfallen sind. Wenn ich sie hier erzähle, dann nicht zuletzt in der Hoffnung, daß auch andere sie gelesen haben und meinem Gedächtnis auf die Sprünge helfen können. Die Geschichte beginnt damit, daß sie einen Physikprofessor beschreibt, der in einem zweitklassigen Forschungslabor vor sich hinvegetiert. Unzufrieden mit seinem Los, konsultiert er hinter dem Rücken seiner Kollegen, ja fast hinter dem eigenen Rücken, eine Art Marabu, der ihn einem strengen Verhör unterzieht und ihm schließlich verkündet, daß alle Widrigkeiten ein Ende haben werden, wenn er sich entschließt, in seinem Namen einen einzigen Buchstaben zu ändern. Es handelt sich um einen polnischen Namen, der ohne spezielle Kenntnisse offenbar unaussprechlich ist (die Geschichte spielt in den USA), weil in ihm viel mehr Konsonanten als Vokale vorkommen. Der Physiker schämt sich zwar seiner Leichtgläubigkeit, entschließt sich aber, die Sache zu wagen, unternimmt die notwendigen Schritte – und erfährt wenige Monate später von seiner Berufung auf einen wichtigen Lehrstuhl an einer namhaften Universität.

Die Sache ist nun die, daß der Wunsch des Professors nach Namensänderung gerade durch seine Geringfügigkeit das Mißtrauen der Polizei geweckt hat. Man hätte es verstanden, wenn er, mit einem derartigen Namen behaftet, einen ganz anderen gewählt oder an seinem eigenen eine drastische Veränderung vorgenommen hätte. Aber einen einzigen Buchstaben zu ändern, um einen unaussprechlichen Namen durch einen anderen zu ersetzen, der nicht weniger unaussprechlich ist – das erregt die Aufmerksamkeit der zuständigen Behörden. Die Akten werden an die Abteilung Spionageabwehr weitergegeben, die auf den Gedanken kommt, Homonyme jenes polnischen Namens im Ostblock zu suchen, und in ihren Unterlagen in der Tat einen sowjetischen Physiker findet, der Fachmann auf einem kaum bekannten Gebiet der Kernphysik ist. Man stellt sofort systematische Nachforschungen an, und es zeigt sich, daß alle bekannten Fachleute auf diesem Gebiet innerhalb eines Jahres von der Bildfläche verschwunden sind – ohne Zweifel sind alle in ein heimliches Forschungslabor beordert worden. Kurz und gut, man deckt eine enorme militärische Anstrengung der Sowjetunion auf, ein dritter Weltkrieg wird verhindert, und was im übrigen den bescheidenen Gelehrten betrifft, der mit seinem Wunsch nach Namensänderung die ganze Operation ausgelöst hat, so weiß man nicht, was man mit ihm anfangen soll, und zieht ihn aus dem militärischen Verkehr, indem man ihm einen prestigeträchtigen Posten in einem zivilen Forschungslabor anbietet.

Der Clou der Geschichte ist ihr Schluß. Der Marabu ist nämlich in Wirklichkeit ein Außerirdischer, der mit einem Freund gewettet hatte, daß es möglich sei, einen Effekt erster Ordnung (Verhinderung der Zerstörung eines Planeten) durch einen Impuls zehnter Ordnung (Veränderung eines einzigen Buchstabens im Namen eines obskuren Gelehrten) zu bewirken. Diese Wette hat er gewonnen. Der Verlierer gesteht seine Niederlage ein und ist sehr betrübt, will sich aber noch nicht geschlagen geben. Deshalb setzt er zum Schluß noch einmal alles auf eine Karte: »Wetten, daß du das, was du erreicht hast, nicht wieder umkehren und nicht die Vernichtung des Planeten durch einen Impuls zehnter Ordnung bewirken kannst?« – Die Wette wird angenommen, und damit hört die Geschichte auf.

Was diese sinnreiche Geschichte demonstriert und was die Pascalsche Überlegung hervorhebt, sind die enormen Konsequenzen, welche minimale Modifikationen im normalen Ablauf eines zeitlichen Prozesses haben können. In der Mathematik ist dieses Phänomen als *exponentielle Instabilität* bekannt. So weiß man, daß in der Meteorologie die Amplitude einer Störung sich alle drei Tage verdoppelt, wenn dem nichts entgegenwirkt. Mathematisch ausgedrückt, haben die Gleichungen, die die Zirkulation in der Atmosphäre bestimmen und von denen also das Wetter abhängt, die Eigenschaft der exponentiellen Instabilität. Einer gegebenen Ausgangsbedingung, das heißt einem bestimmten Zustand der Erdatmosphäre (Luftdruck, Temperatur, Luftfeuchtigkeit) entspricht also eine in alle Zukunft vollkommen determinierte Entwicklung, das Ergebnis einer Berechnung, die man zwar vielleicht in der Praxis nicht durchführen kann, auf die aber der Zufall keinen Einfluß hat. Wenn man nun diese Ausgangsbedingung geringfügig modifiziert – wenn beispielsweise ein Schmetterling mit den Flügeln schlägt oder wenn man eine Kerze entzündet –, so hat diese minimale Veränderung in den ersten Augenblicken oder Tagen nur wenige Folgen, so daß man den ursprünglichen Zustand der Erdatmosphäre von dem modifizierten Zustand kaum unterscheiden kann. Aber diesem modifizierten Zustand ist es bestimmt, seine Amplitude im Laufe der Zeit in einem exponentiellen Rhythmus zu vergrößern; wenn die Amplitude sich alle drei Tage verdoppelt, vervielfacht sie sich jeden Monat um den Faktor 300, alle zwei Monate um den Faktor 100 000 und jedes Jahr um den Faktor 10^{30}. Das ist eine enorm große Zahl, die uns sagt, daß der Flügelschlag eines Schmetterlings oder das Entzünden einer Kerze binnen eines Jahres einen Wirbelsturm verursachen kann – in dem Sinne, daß in einer Kontrollatmosphäre, in der alles übrige gleich ist, in der es aber jenen Schmetterling oder jene Kerze nicht gegeben hätte, in diesem Augenblick kein Wirbelsturm aufgetreten wäre.

Das soll natürlich nicht heißen, daß man sich vor Schmetterlingen in acht nehmen muß oder daß Kerzen die Umwelt schädigen! Das normale Schicksal einer Störung ist, daß sie durch andere Störungen kompensiert wird. Es ist äußerst wahrscheinlich, daß der leichte Luftzug, den ein Schmetterling oder eine Kerze verursachen, in der Myriade von anderen Lufthauchen aufgeht, die die Erdatmosphäre in jedem Augenblick bewegen. Aber die Störungen können einander manchmal auch verstärken, und wenn günstige Umstände zusammenkommen, reicht der geringste Luftzug aus, um in der Erdatmosphäre einen komplexen Entwicklungsprozeß auszulösen, an dessen fernem Ende ein Wirbelsturm oder irgendeine andere große Katastrophe stehen kann – so wie ein in labilem Gleichgewicht befindlicher Felsen durch das kleinste Sandkorn in Bewegung geraten kann. Das heißt also: Wenn man voraussagen will, was geschehen wird, wenn man wissen will, was heute in einem Jahr in Paris für ein Wetter sein wird, dann muß man wirklich alles in Betracht ziehen, bis hin zu den Schmetterlingen in den Regenwäldern des Amazonas und den Kerzen, die in den Kirchen brennen. Die praktische Konsequenz lautet, daß das nicht geht; wie soll man eine derartige Menge von Informationen sammeln und wie sie auswerten? Und aus diesem Grund ist die Wissenschaft der Meteorologie, obgleich sie über die leistungsfähigsten Computer verfügt, die wir bauen können, nicht imstande, sehr langfristige Wetterprognosen abzugeben.

Alle diese Überlegungen sind heute gang und gäbe; man kann sie jedoch, wie so viele andere, auf John von Neumann zurückführen. Als wissenschaftlicher Chefberater der amerikanischen Regierung während des Zweiten Weltkriegs hatte er viel über die Möglichkeit von elektronischen Rechnern nachgedacht, deren erste Exemplare denn auch unter seiner Leitung in Los Alamos gebaut wurden. Eines der strategischen Hauptprobleme sind korrekte Wettervorhersagen – bekanntlich spielten die Wetterbedingungen eine entscheidende Rolle vor dem Start der Operation OVERLORD[3] –, und sehr schnell bediente man sich dabei der neuen Möglichkeiten von Rechenautomaten. Von Neumann war sich jedoch bald über die Grenzen dieses Ansatzes klar und begriff, daß die Empfindlichkeit der Gleichungen in bezug auf die Ausgangsbedingungen jede präzise langfristige Voraussage prinzipiell unmöglich machte. Als großer Geist, der er war, zog er aus diesem Umstand aber noch einen anderen, viel originelleren Schluß, nämlich, daß just diese Instabilität vielleicht die Beeinflussung des Wetters erlaubte. Wenn ein Flügelschlag oder eine Kerzenflamme derartig weitreichende Auswirkungen haben konnten, warum sollte man sie dann nicht gezielt und überlegt einsetzen können? Vielleicht ist es ja leichter, das Wetter zu beeinflussen, als es vorherzusagen.

Eine analoge Instabilität macht man sich zunutze, wenn man Auto fährt. Um sich das vor Augen zu führen, braucht man nur das Steuerrad loszulassen: Die Bahn des Autos beginnt sich zu krümmen – zunächst nur leicht, dann immer stärker, bis der Wagen schließlich von der Straße abkommt oder sich um die eigene Achse dreht. Das ist der Grund, weshalb ein Finger genügt, um einen Eintonner oder ein noch schwereres Fahrzeug zu lenken. Leider gibt es für die Erdatmosphäre keinen ebenso direkten Mechanismus zur Kontrolle der Instabilität. Die Folgen einer kleinen Störung machen sich erst lange Zeit später bemerkbar – ein Jahr später, wenn man den Flügelschlag des Schmetterlings als Maßstab zugrunde legt. Wenn man Folgen erzielen will, die direkter beobachtbar und daher besser kontrollierbar sind, muß man der Erdatmosphäre Störungen zufügen, die viel stärker sind und deren Energie die Größenordnung einer thermonuklearen Explosion hat. Das erinnert an die Abenteuer Blakes und Mortimers in den prächtigen Cartoons von Edgar P. Jacobs; dort kommt eine alte Bahnlinie zwischen Sceaux und den umliegenden Orten vor, die im Regen versinkt; Professor Miloch muß gewaltige Anstrengungen unternehmen, um das Wetter unter Kontrolle zu bringen. Von einer vergleichbaren Technologie sind wir heute noch meilenweit entfernt.

Abschließend wollen wir festhalten, daß alle diese Phänomene von dem Maßstab abhängen, den man an sie anlegt. Im Maßstab eines Jahres kommt die exponentielle Instabilität in der Unmöglichkeit zum Ausdruck, das Wetter vorherzusagen. Keine noch so genaue Berechnung kann uns sagen, ob es heute in einem Jahr in Paris regnen wird oder nicht. Bei einem kleineren Maßstab hat man das Problem nicht mehr; wir können mit einiger Treffsicherheit das Wetter von morgen vorhersagen, und es ist erst recht keine große Kunst, zu raten, wie das Wetter in der nächsten Minute oder auch in der nächsten Stunde sein wird. Wählt man hingegen einen größeren Maßstab, etwa den eines Jahrtausends, wird aus dem Wetter das Klima, und die exponentielle Instabilität erscheint in ganz anderer Beleuchtung. Tatsächlich geht es bei dieser Größenordnung nicht mehr darum, das Wetter vorherzusagen, sondern bestimmte Gesetzmäßigkeiten zu entdecken, die die Geographen unter dem Sammelbegriff »Klima« zusammenfassen und untersuchen. Die Namen sind uns vertraut: ozeanisches oder kontinentales Klima, gemäßigtes oder tropisches Klima, äquatoriales oder polares Klima, und wir haben nie daran gezweifelt, daß es diese globalen Gesetzmäßigkeiten gibt, die in denselben Epochen auf fast dieselben Bedingungen zurückgehen. Wenn das Wetter sich nicht daran zu halten scheint und wenn es mehrere Jahre hintereinander trockener und wärmer ist als gewöhnlich, dann spielt das Klima verrückt, und die Ursachen dafür sind in äußeren Einflüssen wie der Verschmutzung der Erdatmosphäre oder der Atombombe zu suchen.

Und doch: Warum soll man in der Größenordnung von einigen Jahrtausenden auf eine Gesetzmäßigkeit warten, die man in der Größenordnung eines Tages oder eines Jahres gar nicht bemerkt? Die Tage folgen einander je nach Jahreszeit; einige sind sonnig, andere bewölkt, einige trocken, andere feucht. Ist es nicht vernünftig, davon auszugehen, daß das auf allen Ebenen so ist und daß auf Kälteperioden ganz natürlicherweise Wärmeperioden folgen, ohne daß man das durch irgendeinen äußeren Einfluß erklären müßte? Muß man wirklich auf die Sonnenzyklen zurückgreifen, um die Eiszeiten zu erklären, oder resultieren diese nicht einfach aus der inneren Evolution eines Systems, das exponentiell instabil ist? Ist überhaupt der Begriff

»Klima« für einen Zeitraum von mehr als ein paar hundert Jahren sinnvoll? Warum versteift man sich darauf, eine Gesetzmäßigkeit dort zu sehen, wo es augenscheinlich keine gibt, und ständig nach Erklärungen für die Abweichung von einer Norm zu suchen, die allein in unserer Vorstellung existiert?

Da gibt es also diesen einmaligen Planeten, wie ihn die Astronauten sehen, dies blaue Kleinod, das durch den ebenholzschwarzen Himmel treibt. Auf seiner Oberfläche spielen die weißen Wolken, die Niederschläge bringen und von den Strömungen in der Atmosphäre künden. Diese Erde ist in mehr als einer Hinsicht einzigartig, namentlich deshalb, weil wir diesem ewigen Ballett nur folgen können, ohne seine Figuren sehr weit voraussagen zu können. In geologischem Maßstab würden wir nach dem Zufallsprinzip den Spiegel der Meere sich heben und senken und die Vergletscherung vordringen oder zurückweichen sehen. Und doch, o Paradox, geht diese fast völlige Unvorhersehbarkeit mit einer großen strukturellen Stabilität einher. Jahr um Jahr läßt der Monsun, auch wenn er sich einmal verspätet, die Flüsse Asiens, Indiens und Chinas anschwellen. Das Azorenhoch verlagert sich von Jahr zu Jahr und je nach Jahreszeit, aber es verschwindet nie völlig: Wir wissen, daß wir jederzeit ein ausgedehntes Hochdruckgebiet in der Höhe von Gibraltar finden werden.

Wenn der Schöpfer unserem Blick eine andere Erde zeigte, die nach denselben Regeln konstruiert wäre wie die unsere, könnten wir auf ihr ein Schauspiel verfolgen, das Punkt für Punkt jenem gliche, das wir hier auf Erden beobachten. Gewiß wäre das Wetter dort nicht weniger unvorhersehbar als hier, und die Abfolge der Klimata wäre nicht weniger erratisch; aber das Schauspiel, das sich uns böte, käme uns jederzeit bekannt vor. Ein schöner Tag auf jenem Planeten gliche in jeder Hinsicht einem schönen Tag auf der Erde. Wir fänden dort dieselbe Abfolge der Jahreszeiten mit ihren Himmelserscheinungen wieder, den Monsun in Asien und das Azorenhoch im Atlantik (vorausgesetzt, die Verteilung der Kontinente wäre in etwa dieselbe wie auf unserer Erde). Mit anderen Worten: vergleichbare geographische Bedingungen erzeugen vergleichbare klimatische Effekte, während es nicht zutrifft, daß vergleichbare atmosphärische Bedingungen heute vergleichbare atmosphärische Bedingungen in einem Jahr erzeugen. Die exponentielle Instabilität verhindert jede langfristige quantitative Prognose, schließt jedoch Prognosen qualitativer Art – auch sehr weiträumige – nicht aus.

Vielleicht findet der Leser, daß hier sehr viel Wind um nichts gemacht wird. Man muß ja kein großes Licht sein, um sich klarzumachen, daß die Erdatmosphäre ein extrem komplexes System ist, in dem sich Regionen, die räumlich oder höhenmäßig weit voneinander entfernt sind, letztlich irgendwie gegenseitig beeinflussen. Dazu kommt der Einfluß der Erdoberfläche und des interplanetarischen Raums, mit denen die Atmosphäre in ständigem Kontakt steht. Was ist so erstaunlich daran, daß ein so kompliziertes System sich auch komplex verhält? Der Zufallscharakter, den jede Prognose hat, käme dann einfach von der Unmöglichkeit her, alle signifikanten Parameter zu erfassen.

Dem ist nicht so. Das Verhalten des Systems ist nicht darum unvorhersehbar, weil es kompliziert ist. Es gibt sehr einfache Systeme, deren Verhalten genauso komplex ist. In der Tat ist es das große Verdienst des Meteorologen E. Lorenz, die Fülle von Gleichungen, die die Bildung der Erdatmosphäre regieren, auf nur drei zurückgeführt und gleichzeitig gezeigt zu haben, daß dieses reduzierte Modell die fast unendliche Komplexität des Originals bewahrt.

Die exponentielle Instabilität und die damit verbundene Schwierigkeit der Prognose sind daher gängige Phänomene, die in den verschiedensten Situationen, den einfachsten wie den komplexesten, auftreten. Um diese Instabilität besser verstehen zu können, untersuchen wir jedoch lieber ein einfaches Beispiel. Wir trennen uns für eine Weile von der Meteorologie mit ihren Tausenden von Variablen, die durch Differentialgleichungen miteinander gekoppelt sind, und befassen uns mit Systemen, die durch eine einzige Variable x beschrieben werden. Dann genügt eine einzige Zahl, um den Zustand des Systems vollständig zu definieren, und zwar der Wert, den die Zustandsvariable zum gegebenen Zeitpunkt hat.

Zur weiteren Vereinfachung wollen wir annehmen, daß die Zeit diskret ist, das heißt, daß die Variable Zeit nur ganzzahlige Werte $n = 1, 2, 3, \ldots$ annehmen kann, wobei der Wert $n = 0$ den Anfangszustand bezeichnet, während die negativen Werte $n = -1, -2, -3, \ldots$ Zeitpunkte in der mehr oder weniger weit zurückliegenden Vergangenheit darstellen. Die Entwicklung des Systems in der Zeit ist daher vollständig festgelegt durch die Folge x_n jener Werte, welche die Zustandsvariable x zu jedem Zeitpunkt n in der Vergangenheit (für $n < 0$) beziehungsweise in der Zukunft (für $n > 0$) annimmt. Diese Folge ist also doppelt unendlich, da der Index n als Wert alle positiven und negativen ganzen Zahlen annehmen kann. Ein System soll deterministisch heißen, wenn der Zustand x_n zum Zeitpunkt n mit dem vorangegangenen Zustand x_{n-1} durch eine Beziehung von der Art

$$x_n = f(x_{n-1})$$

verknüpft ist. Die Funktion f ist das Gesetz, dem das System gehorcht. Allein durch sein Vorhandensein ist garantiert, daß die gesamte Geschichte des Systems und seine gesamte Zukunft durch den Ausgangszustand x_0 festgelegt sind. In der Tat ergibt die einmalige Anwendung der obigen Formel zunächst $x_1 = f(x_0)$; sodann erhält man durch sukzessive Anwendung

$$x_2 = f(x_1) = f(f(x_0)) = f^2(x_0)$$

und so weiter nach der allgemeinen Formel $x_n = f^n(x_0)$. Man sagt, daß x_n die $n$te Iteration von x_0 ist.

Diese Modelle mit einer einzigen Zustandsvariablen und diskreter Zeit, so simpel sie scheinen mögen, reproduzieren dennoch sehr gut Phänomene, von denen man glauben könnte, sie seien nur durch Modelle mit mehreren Variablen und kontinuierlicher Zeit darstellbar. Die exponentielle Instabilität ist dieselbe. Vergleichen wir zum Beispiel die beiden Systeme

$$x_n = x_{n-1} + 10$$

und

$$x_n = 10 \times x_{n-1}.$$

Sie führen zu zwei expliziten Formeln, die den Zustand zum Zeitpunkt n als Funktion des Ausgangszustands angeben:

$$x_n = x_0 + n \times 10$$

und

$$x_n = x_0 \times 10^n.$$

Beide Formeln drücken ganz verschiedene Verhaltensweisen von Systemen aus, die beide absolut deterministisch sind.

Im ersteren Fall gelangt man von einem Zustand zum nächsten, indem man zu der deskriptiven Variablen eine feste Größe dazuzählt. Ein derartiges System konserviert beliebig lange die Präzision der Beobachtungen. Ist zum Beispiel im Ausgangszustand ein Fehler von 0,001 gemacht worden, dann vererbt sich dieser Fehler durch alle folgenden Zustände fort, so weit man auch in die Zukunft voraus- oder in die Vergangenheit zurückgeht. Die explizite Formel $x_n = x_0 + 10n$ zeigt, daß der Fehler bei x_0 sich bei x_n ohne Verringerung oder Vergrößerung fortsetzt. Im zweiten Fall zeigt dagegen die explizite Formel $x_n = 10^n x_0$, daß der Fehler bei jeder Iteration mit 10 multipliziert wird und daher sehr schnell anwächst, wenn man in der Zeit voranschreitet. Ein Fehler von der Größenordnung 0,001 beim Ausgangswert x_0 wird nach der dritten Iteration zu einem Fehler von der Größenordnung 1, nach der sechsten Iteration zu einem Fehler von 1 000 und nach der n ten Iteration zu einem Fehler von der Größenordnung 10^{n-3}.

Zur Veranschaulichung kann man sich vorstellen, daß die Zustandsvariable x die Position eines Punktes M auf einem Kreis festlegt, gemessen nach der Anzahl der Umrundungen von einem Ausgangspunkt A aus. Der Wert $x = 0$ der Zustandsvariablen besagt also beispielsweise, daß der repräsentative Punkt M mit dem Punkt A zusammenfällt. Der Wert $x = 1/4$ zeigt an, daß man M erhält, indem man von A ausgeht und eine Viertelumdrehung im positiven Sinne (entgegen dem Uhrzeigersinn) macht, $x = 1/2$ kennzeichnet den Punkt, der dem Punkt A auf dem Kreis diametral gegenüberliegt, und $x = 1$ ergibt erneut den Punkt A. Es ist ganz wichtig, darauf hinzuweisen, daß zwei Werte von x, die um 1 abweichen, Positionen entsprechen, die genau um eine vollständige Umdrehung des Kreises differieren, das heißt aber, daß sie tatsächlich denselben Punkt auf dem Kreis darstellen.

Die beiden deterministischen Gesetze, die wir hier vorgestellt haben, legen nun ganz unterschiedliche Verhaltensweisen an den Tag. Bei dem ersten Gesetz $x_n = x_{n-1} + 10$ bleibt der repräsentierende Punkt M fest: Man verschiebt ihn bei jeder Iteration um volle zehn Umrundungen, das heißt, daß man ihn stets an derselben Stelle wiederfindet. Dieses Gesetz ist also nichts weiter als eine komplizierte Art und Weise, die Unbewegtheit zu beschreiben: Der repräsentierende Punkt M bleibt da, wo er von Anfang an gewesen ist. Wohlgemerkt, ein Ortungsfehler oder eine kleine Verschiebung des Ausgangspunktes machen sich als solche zu jedem Zeitpunkt bemerkbar.

Beim zweiten System verhält es sich anders. Das zugrundeliegende Gesetz führt jetzt zu einer effektiven Verschiebung des repräsentierenden Punktes – einer Verschiebung, die von der Ausgangsposition und zugleich von dem betrachteten Zeitpunkt abhängt. Ein anfangs in A gelegener Punkt ($x_0 = 0$) wird für immer in A bleiben ($x_n = 0$). Geht man dagegen von dem Punkt B aus, der A auf dem Kreis diametral entgegengesetzt ist ($x_0 = 1/2$), findet man sich nach dem ersten Durchgang in A wieder und bleibt dort auch ($x_n = 10^n/2$ ist eine ganze Zahl, wenn $n > 1$). Allgemein gesagt: Wenn der Anfangswert x_0 eine endliche dezimale Entwicklung hat, das heißt, wenn er geschrieben wird als $x_0 = a_0, a_1 a_2 a_3 \ldots a_N 000 \ldots$, wobei alle Ziffern nach a_N Nullen sind, befindet sich der repräsentierende Punkt M von der n-ten Iteration an in A und bewegt sich dann nicht mehr von der Stelle.

Wenn dagegen der Anfangswert x_0 durch eine unendliche dezimale Entwicklung dargestellt werden muß, ist die Bewegung sehr viel komplizierter. Ganz präzise gesagt: wenn die Anfangsposition mit $x_0 = a_0, a_1 a_2 a_3 \ldots$, angegeben ist, und zwar mit unendlich vielen Ziffern nach dem Komma, erhält man die Position zum Zeitpunkt n, indem man das Komma um n Stellen nach rechts verschiebt. So erhält man bei der ersten Iteration $x_1 = a_0 a_1, a_2 a_3 a_4 \ldots$; die beiden Ziffern vor dem Komma kann man wohlgemerkt vergessen, da sie einer ganzen Zahl von Durchgängen entsprechen, die keinen Einfluß auf die Position haben. Diese ist vielmehr durch die übrigen Ziffern determiniert: $0, a_2 a_3 a_4 \ldots$ Ebenso wird die Position zum Zeitpunkt n durch $x_n = 0, a_{n+1} a_{n+2} \ldots$; die wichtigste Angabe ist a_{n+1}, die die Position auf dem Kreis mit einer Genauigkeit von 1/10 bestimmt. So gesehen, funktioniert unser System wie eine Lupe, besser gesagt wie ein Mikroskop, das je nach Vergrößerung immer mehr Einzelheiten offenbart.

Jede zusätzliche Beobachtung offenbart eine Dezimalstelle mehr. Die Anfangsposition ist im wesentlichen durch a_1 gegeben, die erste Ziffer nach dem Komma; bei der nächsten Beobachtung hat diese Ziffer jedoch keine Bedeutung mehr, und entscheidend wird dann a_2. In jeder Etappe muß man immer weiter vom Komma entfernte Ziffern aufsuchen, will man eine Vorstellung von der Position des repräsentierenden Punktes bekommen. Um den Zustand des Systems zum Zeitpunkt n zu kennen, muß man den Anfangszustand x_0 auf mindestens $(n + 1)$ Stellen nach dem Komma genau kennen.

Daraus folgt unmittelbar, daß man sämtliche Ziffern hinter dem Komma kennen muß, um die gesamte zukünftige Evolution des Systems voraussagen zu können. Das ist offenkundig unrealistisch. Der Mathematiker kann ohne weiteres hinschreiben, daß er einen Punkt auf der Abszisse 1/2 setzt, oder mit $\sqrt{2}$ oder π arbeiten; das ist eine rein geistige Operation, eine geometrische Abstraktion, bei der man immaterielle Punkte ohne Form und Ausdehnung setzt. In der Realität hingegen ist die Präzision der Beobachtungen nicht unbegrenzt. Ein mathematisches Modell wie das von uns vorgeschlagene hat daher jenseits eines gewissen Maßstabs und einer gewissen Dauer keine physikalische Bedeutung mehr; das langfristige Verhalten wird dann von Fluktuationen bestimmt, die außerhalb des betrachteten Modells liegen.

Schlimmer noch: Selbst wenn man dem System noch folgen kann, beobachtet man mit fortlaufender Zeit einen regelmäßigen Verlust an Präzision. Wenn man den Zustand mit N Dezimalstellen im Anfangszeitpunkt $t = 0$ kennt, dann kennt man zum folgenden Zeitpunkt $t = 1$ nur mehr $N - 1$ Dezimalstellen, zum Zeitpunkt $t = n$ nur $N - n$ Stellen und so fort, bis man im Zeitpunkt $t = N$ überhaupt keine

Information mehr hat. Mit anderen Worten, die Fehler verzehnfachen sich bei jedem Schritt, bis sie jede Information entwerten, die man ursprünglich gehabt hat. Das ist die erwähnte exponentielle Instabilität. Bei einem System, das diese Eigenschaft aufweist – sei es nun eindimensional und einfach wie das eben beschriebene oder mehrdimensional und komplex wie die Erdatmosphäre –, wirkt diese Dynamik offenbarend: Sie deckt sukzessive jede Information auf, die in den Anfangsbedingungen enthalten ist und die sich einer direkten Beobachtung infolge der zwangsläufig begrenzten Präzision unserer Messungen entzieht. In dem elementaren Fall, den wir behandelt haben, offenbart die n-te Beobachtung die $(n + 1)$te Dezimalstelle der Ausgangsposition. Im Fall der Meteorologie offenbart das Wetter, das wir in einem Jahr beobachten werden, die Informationen über den Zustand der Erdatmosphäre heute – Informationen, die sich in einem viel zu feinen Maßstab bewegen, als daß wir sie direkt beobachten könnten.

Man kann auch einen anderen Standpunkt einnehmen und sich überlegen, daß jede Information notwendigerweise endlich ist und daß es beispielsweise vergeblich ist, diese mit mehr als einem Dutzend signifikanten Ziffern kennen zu wollen, was der momentanen Grenze für die Präzision von physikalischen Konstanten entspricht. In diesem Moment handelt es sich nicht um das Ans-Licht-Bringen, sondern um die Erzeugung von Information. Wenn man nur die zwölf ersten Dezimalstellen des Ausgangszustands, $x_0 = 0, a_1 a_2 \ldots a_{12}$, kennen kann, bringt die zwölfte Beobachtung $x_{12} = a_{13} \ldots a_{24}$ eine wirklich neue Information. Ebenso wäre es sehr schwierig, wo nicht unmöglich, und außerdem extrem uninteressant, aus den meteorologischen Bedingungen in einem Jahr die Informationen zu gewinnen, die uns über den Zustand der Erdatmosphäre heute fehlen. Besser sieht man die Sache so an, daß es durch das Vergehen der Zeit zur Erzeugung von Information kommt.

Je nach der gewählten Betrachtungsweise handelt es sich also um die Anzeige oder um die Erzeugung von Information. Im einen wie im anderen Fall steht eine für die künftige Evolution des Systems wesentliche Information nicht zur Verfügung. Man kann sich auf den Standpunkt stellen, daß dieser Mangel auf unser eigenes Unvermögen zurückgeht; in diesem Fall handelt es sich um die Offenbarung einer latenten Information. Man kann aber auch sagen, daß jener Mangel in der Natur der Dinge liegt; das würde bedeuten, daß die zwölfte Dezimalstelle, die bei jeder Beobachtung erscheint, eine Schöpfung *ex nihilo* wäre. Man wird sich bequem ausdrücken und sagen, daß die künftige Evolution des Systems von seinem Zustand, wie wir ihn heute feststellen, und vom Zufall abhängt.

Wir breiten also den Schleier des Zufalls über jene Informationen, auf deren Kenntnis wir verzichten. Nach der ersten Interpretation handelt es sich um einen relativen, einen menschlichen Zufall, wie bei dem Spieler, der nicht geschickt genug ist, die Würfel so zu werfen, daß die gewünschte Augenzahl erscheint; nach der zweiten um einen wesentlichen, naturbedingten, wie wir ihn aus der Quantenmechanik kennen. Doch ob es sich nun um Erzeugung oder schlichte Offenbarung von Information handelt, die Frage bleibt dieselbe: in welchem Rhythmus? Das ist nun etwas, das durch die Entropie des Systems gemessen wird.

Der Begriff der Entropie hat eine bewegte Geschichte. Wir beziehen uns hier auf die Überlegungen Shannons und Kolmogoroffs, das heißt, daß wir uns auf den Standpunkt der Informationstheorie und der Theorie dynamischer Systeme stellen und uns Interpretationen in Begriffen von Ordnung und Unordnung verschließen. Die Entropie eines dynamischen Systems ist für uns eine Zahl, die die Schnelligkeit mißt, in der das System Information erzeugt (oder anzeigt).

Bei einem eindimensionalen System auf einem Kreis, wie den beiden bisher behandelten Fällen, erlaubt die Kenntnis einer weiteren Dezimalstelle, den fraglichen Punkt mit zehnmal größerer Genauigkeit zu lokalisieren, in dem Sinne, daß unter allen Punken, deren Dezimalentwicklung mit $0, a_1 a_2 \ldots a_N$, beginnt, nur $1/10$ dieser Punkte als $(N + 1)$te Dezimalstelle eine bestimmte Ziffer, beispielsweise die 3, aufweist. Anders gesagt, die Zahlen, deren Dezimalentwicklung mit $0, a_1 a_2 \ldots a_N$ beginnen, besetzen ein kleines Intervall, das in zehn Unterintervalle zerfällt, die gleichmäßig den zehn Möglichkeiten für a_{N+1} entsprechen; die Angabe, daß die $(N + 1)$te Dezimalstelle eine 3 ist, eliminiert neun dieser zehn Unterintervalle. Demgemäß teilt die Angabe der sukzessiven Dezimalstellen jedesmal das Feld der Möglichkeiten durch 10. Wir vereinbaren, daß dieser Gewinn um einen Faktor 10 einer Entropie von der Größe 1 entspricht. Demgemäß entspricht die Angabe von zwei zusätzlichen Dezimalstellen einem Gewinn vom Faktor $100 = 10^2$, also einer Entropie von der Größe 2. Demgegenüber bedeutet der *Status quo*, das heißt der Gewinnfaktor $1 = 10^0$, eine Entropie von der Größe 0.

Die Entropie eines Systems mißt den durchschnittlichen Präzisionszuwachs nach jeder neuen Beobachtung. Bei unserem ersten System, $x_n = x_{n-1} + 10$, von dem wir bereits wissen, daß es der reinen Unbeweglichkeit entspricht, ist die Entropie gleich 0, was bedeutet, daß eine neue Beobachtung keinerlei zusätzliche Information mehr liefert. Beim zweiten System, $x_n = 10 \times x_{n-1}$, jedoch liefert jede neue Beobachtung eine zusätzliche Dezimalstelle, was bedeutet, daß die Entropie des Systems gleich 1 ist.

Bei mehrdimensionalen Systemen wird die Situation dadurch erschwert, daß sie gleichzeitig Phänomene exponentieller Stabilität und exponentieller Instabilität aufweisen können. Wir wollen das erklären.

Betrachten wir zunächst das, was auf dem Kreis ein eindimensionales System mit dem Gesetz $x_n = x_{n-1}/10$ ist. Bei jedem Schritt wird die Zustandsvariable (Zahl der Durchgänge von A aus) durch 10 geteilt, wodurch sie sehr schnell gegen 0 tendiert, so daß man sich zuletzt immer beim Punkt A befindet, der dem Zustand $x = 0$ entspricht. Diesen Punkt nennt man Attraktor. Unabhängig von der gewählten Ausgangsposition M_0 tendiert der repräsentierende Punkt M_n zum Zeitpunkt n unweigerlich immer mehr gegen A, je mehr Zeit vergeht. Es handelt sich um ein Phänomen der exponentiellen Stabilität (nicht Instabilität), das einem Informationsverlust (nicht -gewinn) entspricht; gleichgültig, von wo man ausgegangen ist, man findet sich zuletzt immer am Punkt A wieder. Jede Information über die Ausgangsposition erweist sich langfristig als redundant.

Dasselbe Phänomen kann man mühelos auch in einem vieldimensionalen System nachweisen. Denken wir uns zum Beispiel den Zustand eines Systems dargestellt durch die Punkte auf einer Scheibe; jedem Punkt M entspricht dabei einem anderen Zustand. Man hat es also mit einem zweidimensionalen System zu tun. Wie in dem eindimensionalen Fall definiert man nun das Gesetz, das die Abfolge der Zustände festlegt. Wir betrachten dabei den folgenden Fall: Wenn M_n dem Zustand zum Zeitpunkt n entspricht, so soll der Zustand M_{n+1} zur Zeit $n + 1$ dadurch gekennzeichnet sein, daß M_{n+1} auf der Mitte der Strecke OM_n liegt, wobei O der Mittelpunkt der Scheibe ist. Formal sieht das Gesetz des Systems so aus: $OM_{n+1} = OM_n/2$. Dies ist das zweidimensionale Analogon zu den Gesetzen, die wir bisher formuliert haben. Das Verhalten des Systems ist leicht zu beschreiben: Unabhängig vom Ausgangspunkt M_0 nähert sich der repräsentierende Punkt M_n dem Mittelpunkt O unendlich nahe an, und zwar um so näher, je mehr Zeit vergeht, das heißt, je größer n wird. Man drückt das so aus, daß man sagt: Der durch den Punkt O repräsentierte Zustand ist ein Attraktor für das System.

Es ist nicht schwer, in analoger Weise einen Attraktor für ein dreidimensionales System zu konstruieren. Man braucht nur das zu nehmen, was man in der Geometrie einen Torus nennt, das heißt einen schlauchförmigen Körper, einen massiven Ring, und ihn in seine »Seele« zu komprimieren. Genauer gesagt, besitzt der Torus eine Symmetrieachse (die Mitte des Rings), und die durch diese Achse gehenden senkrechten Schnitte durch den Torus sind Scheiben. Die Mittelpunkte dieser Scheiben beschreiben einen Kreis, der in bezug auf die Achse symmetrisch ist und den wir die Seele des Torus nennen. Kontrahiert man, wie auf nebenstehender Abbildung zu sehen ist, jede Scheibe in ihren Mittelpunkt, so definiert man ein deterministisches Gesetz für den Torus insgesamt, der auf diese Weise in seine Seele komprimiert wird. Diese erweist sich also als Attraktor für das dieserart konstruierte dreidimensionale System: Der repräsentierende Punkt M_n konvergiert gegen die Projektion des Anfangspunktes M_0 auf die Seele des Torus. Der Attraktor ist etwas komplexer als im vorigen Fall, da es sich um eine Kurve und nicht um einen Punkt handelt, und diese Komplexität findet sich auch in der Bewegung wieder, da der Endzustand, zu dem das System strebt, vom Anfangszustand abhängt: Zwei verschiedenen Ausgangspunkten entsprechen zwei verschiedene Projektionen auf die Seele des Torus.

Wir haben also Beispiele für instabile Systeme und für stabile Systeme gesehen, also mit jeweils ganz verschiedenen Eigenschaften.

Ein einfacher Attraktor im Torus

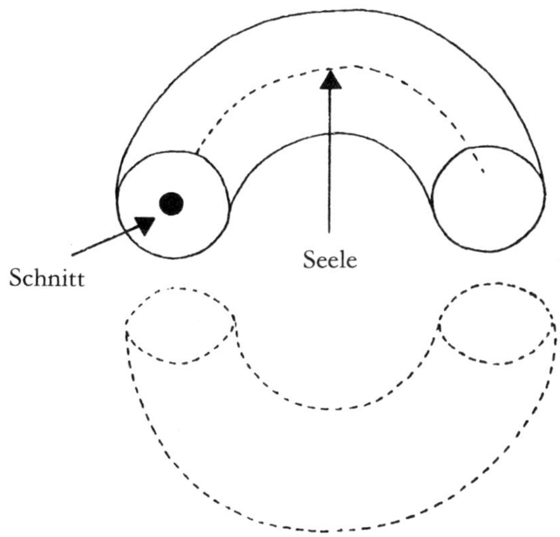

Der Torus ist ein massiver Körper, der um einen Kreis (die sogenannte »Seele« des Torus) herum konstruiert ist und dessen senkrechte Schnitte Scheiben sind. Wir beschränken uns hier auf die Darstellung des senkrechten Schnittes.

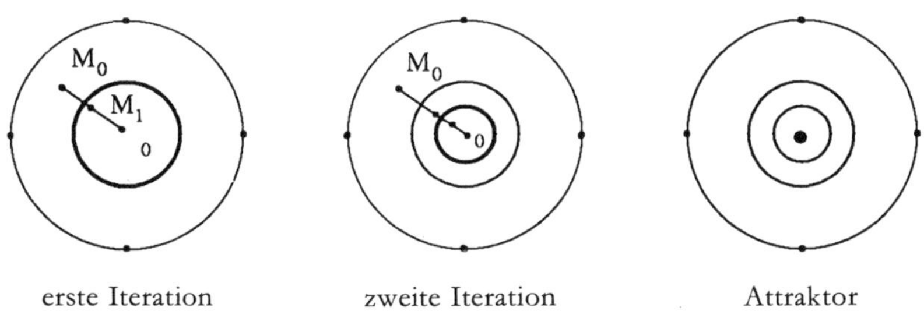

Zu den faszinierendsten Aspekten mehrdimensionaler Systeme gehört jedoch, daß sie diese beiden, an sich widersprüchlichen Eigenschaften gleichzeitig aufweisen können. Da ja mehrere Dimensionen zur Verfügung stehen, kann man sich deterministische Gesetze vorstellen, die in bestimmten Richtungen expandierend und in anderen Richtungen kontrahierend wirken. Das führt zu spektakulären geometrischen Konstruktionen, die auf Stephen Smale zurückgehen. Smale ist vor allem das Beispiel zu verdanken, das wir nun beschreiben wollen und das uns das Tor zum geheimnisvollen Reich der seltsamen Attraktoren öffnen wird.

Wir nehmen wieder den Torus von eben und kontrahieren ihn, so wie wir es gerade getan haben, um seine Seele. Doch diesmal nehmen wir an ihm eine zusätzliche Transformation vor: Wir strecken ihn und wickeln ihn einmal in sich auf. Das Ergebnis ist kein Torus mehr, sondern ein verwundener Ring, der sich zweimal um die Seele des ursprünglichen Torus dreht und ein geringeres Volumen als dieser einnimmt.

Die Punkte des Torus stellen immer Zustände des Systems dar. Ist M einer dieser Punkte, so bezeichnet man mit $f(\mathrm{M})$ den Punkt, der ihm nach der eben beschriebenen Transformation entspricht; es handelt sich um einen Punkt des doppelten Ringes und daher um einen Punkt des Torus, da der eine in dem anderen enthalten ist. Die Entwicklung des Systems wird durch die Folge $\mathrm{M}_{n+1} = f(\mathrm{M}_n)$ gekennzeichnet, die das exakte Analogon jener Gesetze ist, mit denen wir es bisher zu tun hatten. Doch diesmal ist das Verhalten des Systems viel komplizierter. Bei jedem Schritt wird die Gesamtheit der Zustände in der Längsrichtung (der Richtung der Seele des Torus) gestreckt und in den beiden Querrichtungen (denen der Schnitte) kontrahiert. Eine erste Konsequenz hiervon ist, daß der repräsentierende Punkt M_n sich nicht mehr damit begnügt, in ein und demselben Querschnitt zu verweilen, sondern um den ganzen Torus wandert. Vor allem aber wirken diese beiden Effekte zusammen und erzeugen einen Attraktor, der kein Punkt und keine Kurve mehr ist, sondern etwas viel

Komplizierteres, nämlich etwas, das man, der Terminologie Benoît Mandelbrots folgend, auf den Namen »Fraktal« getauft hat.

Um diesen Attraktor zu sehen, versuchen wir, nicht mehr einem Punkt, sondern dem ganzen Torus zu folgen. Beim ersten Durchgang erhält man zunächst den doppelten verwundenen Ring. Beim folgenden Durchgang verdoppeln sich dessen Schleifen ihrerseits, und man erhält einen vierfach verwundenen Ring, der in dem doppelten verwundenen Ring enthalten ist, der seinerseits in dem ursprünglichen Torus (dem einfachen Ring) enthalten ist. Von Durchgang zu Durchgang erhält man acht, sechzehn, zweiunddreißig Schleifen, so daß man sukzessive sämtliche Zweierpotenzen durchläuft. Auf diese Weise erhält man eine unendliche Folge von ineinander verschachtelten verwundenen Ringen, die immer feiner werden, so wie der Meißel des Bildhauers einen Marmorblock behaut, um eine Statue herauszuarbeiten. Was wir am Ende vorfinden, ist nichts Majestätisches oder Verknäultes, sondern ein Objekt, das so kompliziert ist, daß es den Namen »seltsamer Attraktor« verdient.

Um sich davon ein Bild zu machen, kann man sich sehr gut einen zopfartig gedrehten Ring vorstellen, der aus einer unendlichen Zahl von Schleifen besteht, die sich in dem ursprünglichen Torus umeinander schlingen. Das ist zwar sehr exakt, aber es erschöpft nicht den ganzen Reichtum der Struktur eines seltsamen Attraktors. Was hier von Belang ist, ist der binäre Rhythmus. Es ist kein Problem, den Attraktor mit einer vorgegebenen Genauigkeit darzustellen, indem man beispielsweise von einem Computer die sukzessiven Transformationen eines beliebigen Punktes errechnen läßt. Die Wahl des Ausgangspunktes spielt dabei kaum eine Rolle; nach einer Übergangsphase finden sich seine Transformationen auf dem Attraktor wieder. Überträgt man bei jeder weiteren Transformation die entsprechende Position auf eine Graphik, so sieht man eine Wolke entstehen, deren Konturen allmählich immer präziser werden und schließlich ein Netz von Kapillarröhren darstellen, die sich um den Torus ringeln. Geht man jedoch zu einer stärkeren Vergrößerung über, indem man beispielsweise die Präzision der Berechnungen vergrößert, so sieht man zu seiner Überraschung, daß jede dieser Kapillarröhren sich verdoppelt und aus zwei noch feineren Röhrchen besteht, die nur

Der Smalesche Attraktor

Das deterministische Gesetz, das dem Smaleschen Attraktor zugrunde liegt, ist das folgende:

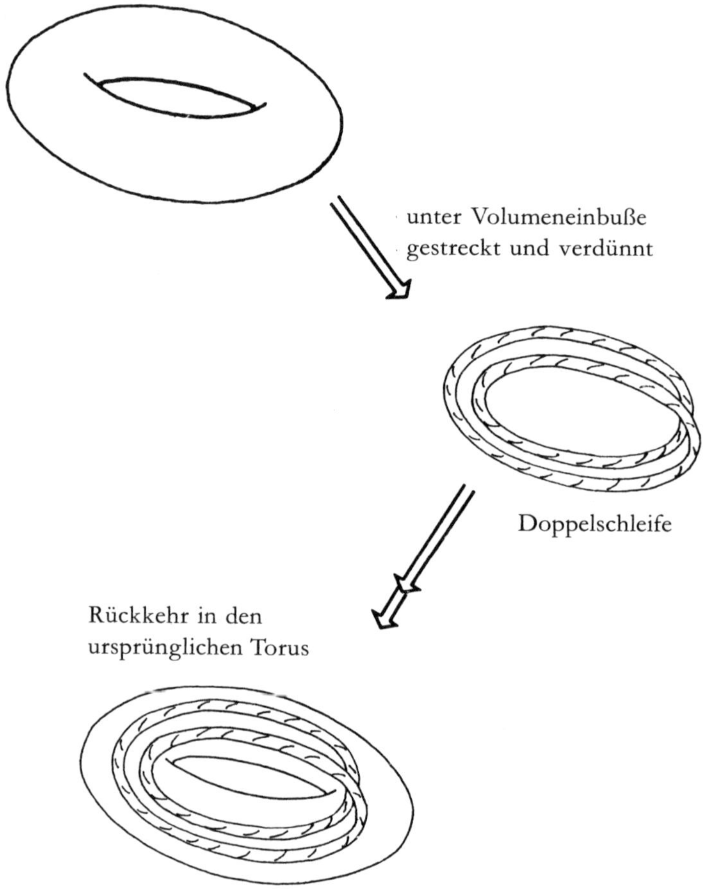

Man konstruiert so sukzessive immer feinere Tori, die zweimal, viermal, achtmal, sechzehnmal, 2^nmal im ursprünglichen Torus liegen. Jeder von ihnen ist eine Annäherung an den Smaleschen Attraktor. Die Annäherung ist um so besser, je größer n ist, das heißt, je größer unser Auflösungsvermögen ist. Der Attraktor selbst ist ein Grenzwert, dem eine unendliche Auflösung entspricht. So besteht das goldene Halsband von Ålleberg auf den ersten Blick aus drei aneinandergelegten Reifen; bei näherem Hinsehen aber zeigt es viel feinere Kreiswülste und eine ganze Fauna von großer Reichhaltigkeit. Die wunderbare Technik des Goldschmieds – Filigran, Granulierung, Treibarbeit, Prägung – erlaubte ihm nur eine zwar wertvolle, aber unvollkommene Annäherung an das Idealbild, das er in sich trug und das wegen der Feinheit und Fülle seiner Details für Menschenhand nicht realisierbar ist.

infolge der Ungenauigkeit der Beobachtung den Anschein erweckten, als seien sie eine einzige. In diesem komplexen Netz zirkulieren die repräsentativen Punkte M_n des Systemzustands.

Versuchen wir, dieses Paradoxon zu begreifen! Alle Punkte des Torus stellen potentielle Zustände dar, von denen jeder als Anfangszustand fungieren kann. Die natürliche Entwicklung des Systems bewirkt jedoch, daß dieses sich nach einer kurzen Übergangsphase in einem viel kleineren, spinnennetzartigen Rahmen bewegt und daß daher die meisten seiner potentiellen Zustände niemals beobachtet werden.

Das ist der Smalesche Attraktor, der dem Leser vielleicht als eine recht gekünstelte Konstruktion erscheint. Aber auch die Gleichungen der Meteorologie haben ihren seltsamen Attraktor, wie Lorenz in einem berühmten Aufsatz nachgewiesen hat. Der Lorenzsche Attraktor hat allerdings nicht ganz dieselbe Struktur wie der Smalesche; dieser war ein Zwischending zwischen Kurve und Fläche, während der Lorenzsche Attraktor ein Mittelding zwischen Fläche und Volumen ist.

Um uns das vorstellen zu können, denken wir uns ein Buch, aus dem man alle Seiten bis auf jene herausgerissen hat, deren Nummer nur die Ziffern 2, 3, 4, 6, 7 und 8 enthält (also keine 0, keine 1, keine 5 und keine 9). Bei einem Buch von 100 Seiten bleiben uns dann nur zwei getrennte Stöße, nämlich die Blätter 22 bis 48 und 62 bis 88.[4] Diese Stöße enthalten jedoch nur achtzehn Seiten und nicht siebenundzwanzig; so muß man etwa aus dem ersten Stoß noch die Seiten 25, 29, 30, 31, 35, 39, 40, 41 und 45 entfernen. Bei einem Buch von tausend Seiten, das man beispielsweise dadurch erhält, daß man jede Seite des vorigen Buches in zehn kleinere Seiten zerlegt, erkennt man ebenfalls Lücken in diesen homogenen Stößen. So müßten an die Stelle der Seite 22 zehn Seiten mit der Nummer 220 bis 229 treten, von denen allerdings wiederum vier wegfallen: 220, 221, 225 und 229. In der Tat entsteht zwischen den Seiten 222 und 248 ein neuer Stoß von achtzehn Seiten, der völlig analog dem Stoß ist, den man bei gröberer Einteilung in dem hundertseitigen Buch erhalten hatte.

Der aufmerksame Leser wird erkannt haben, daß der Anteil der verbleibenden Seiten jedesmal mit 6/10 multipliziert wird: Von 60%

bei einem Buch mit zehn Seiten kommen wir zu 36% bei hundert Seiten und 21,6% bei tausend Seiten, das heißt, das Buch wird immer dünner. Als Grenzwert muß man sich ein Buch vorstellen, das eine unendliche Zahl von unendlich dünnen Seiten hat – immer noch im Originaleinband. Fast alle Seiten sind herausgerissen, da der prozentuale Anteil der verbliebenen Seiten auf null gefallen ist, aber trotzdem bleiben noch unendlich viele Seiten, die sich in Abschnitte zu jeweils achtzehn Seiten gruppieren. Genauer gesagt, jede Seite dieses Buches ist selbst ein Buch, die genaue Reproduktion des Originals. Und jede Seite in jedem dieser Bände, die in nicht berechenbarer Anzahl erscheinen, ist selber ein Buch und nach demselben Vorbild gestaltet.

Der Lorenzsche Attraktor stellt sich als Fläche dar, die im üblichen, dreidimensionalen Raum einmal gefaltet ist. Betrachtet man sie jedoch unter dem Mikroskop, so erscheint eine aufgefächerte Struktur von der Art, wie wir sie gerade beschrieben haben. Mit anderen Worten, unser Beobachtungsinstrument zerlegt, weil es den Attraktor in seiner Gesamtheit nicht erfassen kann, das, was in Wahrheit ein einziges, riesiges Blatt ist, künstlich in Seiten. Wenn wir also die an einem bestimmten Punkt M_0 beginnende Bewegung verfolgen, so werden wir erst nach längerer Zeit den repräsentierenden Punkt M_n im Gesichtsfeld unseres Instruments auftauchen sehen – und je stärker die benutzte Vergrößerung ist, desto reduzierter ist dieses Gesichtsfeld, und desto länger müssen wir warten. Wenn wir das Experiment weiterführen, müssen wir wiederum lange warten, bevor der repräsentierende Punkt M_n wieder in unser Gesichtsfeld kommt und wir ihn also wieder sehen können. Wir werden ihn also auf einer anderen Seite des Buches ausmachen – die Verbindung zwischen den Seiten befindet sich außerhalb unseres Gesichtsfeldes, und dort hat auch der Übergang des Punktes auf die andere Seite stattgefunden.

Der Smalesche Attraktor und der Lorenzsche Attraktor haben die Eigenschaft gemeinsam, daß man, wenn man sie unter immer stärkeren Vergrößerungen untersucht, identisch dieselbe geordnete Struktur vorfindet. Man drückt das so aus, daß man sagt, es handele sich um *Fraktale*. Ordnet man die klassischen Gegenstände der Geometrie auf einer vierstufigen Skala an – die Punkte (Dimension null)

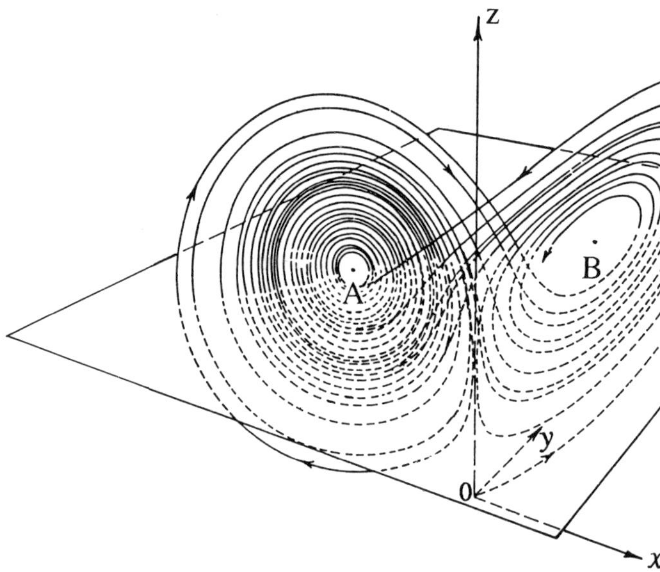

Diese Zeichnung stellt eine typische dreidimensionale Bahn im Lorenzschen System dar.

$$\frac{dx}{dt} = -ax + ay$$

$$\frac{dy}{dt} = bx - y - xz$$

$$\frac{dz}{dt} = -cz + xy$$

Wie man sieht, geht die Bahn vom Punkt O aus, beschreibt divergierende Spiralen um den Punkt A, verläßt diesen Punkt, um den Punkt B zu umrunden, kehrt dann zu A zurück, danach zu B und so fort in unendlicher Folge. Man beobachtet also eine unendliche Folge von Oszillationen, deren Wechsel zufällig zu sein scheint, da die Anzahl der jeweils beschriebenen Umdrehungen extrem variabel ist. Überläßt man die Bewegung sich selbst, so zeichnet die Bahn, wenn man alle Spiralen zusammen nimmt, ein blattartiges Objekt, ein Zwischending zwischen Kurve und Fläche – eben den Lorenzschen Attraktor.

Eine sehr vereinfachte Darstellung dieser Bewegung findet sich auf dem Stein von Vallstenarum. Er stellt eine Art Labyrinth dar; der Grundriß erinnert an ein Kleeblatt, dessen vier Blätter nacheinander durchlaufen werden. Das Lorenzsche System enthält eine unendliche Zahl von Blättern, die alle an demselben Stengel haften. Sie sind zu Gruppen zusammengefaßt, und jede von ihnen vermittelt die Illusion, aus einem einzigen Blatt zu bestehen, aber die Komplexität der zugrundeliegenden Struktur offenbart sich durch das chaotische Verhalten der Bahnen, die gezwungen sind, jedes einzelne Blatt der Reihe nach zu durchlaufen und daher auf unvorhersehbare Weise von einer Blattgruppe zur anderen überzuwechseln.

auf der ersten Stufe, die (eindimensionalen) Kurven auf der zweiten, die (zweidimensionalen) Flächen auf der dritten und die (dreidimensionalen) Körper auf der vierten –, so rangieren die Fraktale natürlicherweise in den Zwischenpositionen. Die fraktale Dimension des Smaleschen Attraktors liegt zwischen den Dimensionen 1 und 2, die des Lorenzschen Attraktors zwischen den Dimensionen 2 und 3. Diese Zwischendimensionen zeigen an, daß das System nicht den gesamten Raum besetzt, der ihm zusteht, oder vielmehr: daß vom Standpunkt der Dynamik nur gewisse Zustände interessant sind. Es ist klassisch, in der Mechanik oder der Physik das einzuführen, was man die Anzahl der Freiheitsgrade nennt: Das ist die Anzahl der Parameter, die notwendig sind, um den Zustand des betrachteten Systems vollständig anzugeben. Für das Smalesche System beträgt diese Zahl demnach 2, für das Lorenzsche System 3. Die Tatsache, daß die Dimension des Attraktors klein ist, bedeutet, daß das System nicht sämtliche Möglichkeiten wahrnimmt und nicht alle theoretisch möglichen Zustände erschöpft (ausgenommen in einer kurzen Übergangsphase).

Zu den schönsten Erfolgen haben diese Überlegungen in der Hydrodynamik geführt. Eines der wichtigsten und zugleich am wenigsten gut verstandenen physikalischen Phänomene ist die Turbulenz. Die Navier-Stokes-Gleichungen, die die Bewegung einer Flüssigkeit bestimmen, sind erforscht und seit langem bekannt. Man kann aus ihnen das Verhalten von Flüssigkeiten ableiten, die nicht sehr stark bewegt werden oder deren Viskosität groß ist. Sobald man jedoch in den turbulenten Bereich gerät, das heißt, sobald Wirbel auftreten, ist es nicht mehr möglich, die Bewegung der Flüssigkeit vorherzusagen. Man ist heute allgemein der Ansicht, daß dieser Sachverhalt durch das Vorhandensein eines seltsamen Attraktors entsteht, der jenseits einer kritischen Schwelle erscheint.

Diese Hypothese – erstmals 1971 von David Ruelle und Floris Takens in einem berühmten Aufsatz vertreten – ist keineswegs rein theoretisch. Sie verknüpft unmittelbar die im Experiment beobachtete physikalische Instabilität mit einer mathematischen Instabilität, die den Bewegungsgleichungen zugrunde liegt. Vor allem postuliert sie folgendes: Auch wenn das System eine unendliche Dimension hat

(d. h., es bedarf einer unendlichen Zahl von Variablen, um einen einzigen Zustand der Flüssigkeit zu beschreiben; man muß tatsächlich Lage und Geschwindigkeit jedes einzelnen Punktes in dem Volumen bestimmen, das die Flüssigkeit einnimmt), spielt das Phänomen der Turbulenz sich in einer endlichen Dimension ab. Der Attraktor hat denn auch eine endliche Dimension, die man als Funktion der äußeren Bedingungen berechnen kann. Auf diesem Attraktor spielt sich die Entwicklung in der Flüssigkeit ab, sobald die Übergangsphase vorüber ist, und er ist daher der Schauplatz der Turbulenz.

Man findet hier wieder einmal eine der genialen Eingebungen Andrej N. Kolmogoroffs bestätigt, der schon vor vierzig Jahren die Vermutung geäußert hatte, daß eine endliche Anzahl von Freiheitsgraden ausreicht, um den Zustand einer turbulenten Flüssigkeit zu beschreiben. Dieser Einfall kam ihm beim Studium des Energieverlustes im Laufe der Bewegung; die großen Wirbel lassen kleinere entstehen, bis eine Größenordnung erreicht ist, in der die Viskosität der Flüssigkeit diesen Sturz durch die Dimensionen beendet. Kolmogoroff hatte sogar ausgerechnet, wie viele Variablen ausreichen müßten, um den Zustand einer turbulenten Flüssigkeit zu beschreiben, mit anderen Worten, er hatte die Dimension des Attraktors geschätzt. Überflüssig, zu erwähnen, daß diese Schätzung von der aktuellen Theorie bestätigt worden ist.

Nach dieser langen Abschweifung kommen wir nun wieder auf die Entropie zu sprechen. Bei einem mehrdimensionalen System kann es im Laufe der Zeit gleichzeitig einen Informationsverlust und einen Informationsgewinn geben, was der Tatsache entspricht, daß gleichzeitig kontrahierende und expandierende Richtungen vorhanden sind. Der Informationsverlust kommt darin zum Ausdruck, daß das System sehr schnell einen Attraktor erreicht, auf dem sich die weitere Entwicklung abspielt. Seine Dimension ist die des Raumes der möglichen Systemzustände. Der Informationsgewinn wird als Entropie gemessen, wie wir das bereits für den Fall der eindimensionalen Systeme angedeutet haben. Doch messen wir die Entropie diesmal auf dem Attraktor. Mit anderen Worten, wir eliminieren zunächst einmal die gesamte redundante Information, indem wir den größten Teil des Zustandsraums aufgeben, um uns auf den Attraktor zu konzentrieren. Für das dergestalt beschränkte System ist die verbleibende Information signifikant und wächst – oder entfaltet sich – exponentiell im Verlauf der Zeit. Wenn also zwei Punkte des Attraktors aufgrund der begrenzten Präzision unserer Instrumente nicht zu unterscheiden sind, dann ist vielleicht eine zusätzliche Beobachtung geeignet, sie auseinanderzuhalten. Eine Entropie von 1 bedeutet, daß in jedem Schritt die Anzahl der mit einer gegebenen Präzision unterscheidbaren Punkte mit 10 multipliziert wird.

Diese Definition ist nun offenkundig fehlerhaft: Es geht nicht um die »Anzahl der Punkte«, denn wie klein der betrachtete Teil des Attraktors auch sein mag, er enthält unendlich viele Punkte. Man spräche besser von »Flächeninhalt« oder »Volumen«, wobei zu bemerken ist, daß die hier herangezogenen Begriffe »Flächeninhalt« und »Volumen« an den Attraktor und namentlich an seine eigene Dimension (die ein Bruch sein kann) angepaßt sind. Wenn wir von Flächeninhalt sprechen, begeben wir uns in die zweite Dimension, wenn wir von Volumen sprechen, in die dritte; die Mathematiker verwenden daher lieber das Wort »Maß« und vermeiden damit eine Aussage über die Dimension des Attraktors. Die Ausarbeitung eines befriedigenden »Maß«-Begriffes für einen Attraktor, und zwar derart, daß er auch auf die ganz eigentümliche Struktur eines seltsamen Attraktors angewendet werden kann, gehört zu den Hauptproblemen der Theorie. Dieses Problem ist heute weitgehend gelöst, und zwar namentlich dank der Arbeiten Yasha Sinaïs, David Ruelles und Rufus Bowens, die die Existenz eines »ergodischen Maßes« mit bemerkenswerten Eigenschaften nachgewiesen haben. Dieses Maß erlaubt die Reinterpretation der gesamten Dynamik in statistischen Begriffen und liefert ein probabilistisches Modell des Systems, das dessen deterministisches Gesetz ersetzen kann, falls wir letzteres nicht kennen.

Wir wollen das näher erläutern. Bisher haben wir das System von innen beschrieben; wir haben die Anzahl der Freiheitsgrade in Betracht gezogen und das deterministische Gesetz benutzt, um einen Attraktor im Zustandsraum zu konstruieren. Aber ist das wirklich realistisch? Außer in akademischen Situationen sind uns diese Daten kaum zugänglich. So ist man in der Hydrodynamik weit davon entfernt, Richtung und Geschwindigkeit der Strömung an jedem Punkt der Flüssigkeit messen zu können; das ist aber genau das, was man braucht, um einen Zustand vollständig bestimmen zu können. Die physikalische Realität besteht vielmehr darin, daß man sich eine als signifikant betrachtete Variable vorgibt und diese so genau wie möglich zu messen sucht. Mit anderen Worten: man beobachtet niemals den inneren Zustand M direkt, sondern allein mittels einer Funktion X(M). Wenn das System von einem Anfangszustand M_0 ausgeht, bestimmt die Folge der Zustände $M_0, M_1, M_2, \ldots, M_n$ für die gewählte Variable X eine Folge von Werten $X(M_0), X(M_1), X(M_2), \ldots, X(M_n)$; das sind die Werte, die man beobachtet und mit denen man zu rechnen hat. Es kann sich um die an einem bestimmten Punkt der Flüssigkeit gemessene Strömungsgeschwindigkeit oder um jede andere Größe wie beispielsweise den Druck handeln. Natürlich kann man mehrere Variablen gleichzeitig beobachten, etwa die Geschwindigkeit und den Druck an einem gegebenen Punkt, was darauf hinausläuft, aus X(M) keine Zahl, sondern einen Vektor mit zwei Komponenten zu machen.

Die von Sinaï, Ruelle und Bowen gefundenen Ergebnisse sagen uns, daß eine probabilistische Erklärung der Beobachtung $X(M_0)$, $X(M_1), X(M_2), \ldots, X(M_n)$ nicht nur möglich, sondern auch legitim ist. Das ergodische Maß auf dem Attraktor ist mit einer Wahrscheinlichkeit auf diesem verbunden, und die Folge $X(M_0), X(M_1), X(M_2),$ $\ldots, X(M_n)$ hat alle statistischen Eigenschaften einer Stichprobe von *n* Werten, die dem Attraktor aufs Geratewohl und nach der ergodischen Wahrscheinlichkeit entnommen wurde. Man verfügt zum Beispiel über das Gesetz der großen Zahl: Wenn man Beobachtungen hinzufügt (und so *n* gegen unendlich wachsen läßt), konvergiert der empirische Mittelwert

$$\frac{X\,(M_0 + X\,(M_1) + X\,(M_2) + \ldots + X\,(M_n)}{n}$$

mit der Wahrscheinlichkeit 1 gegen den von Sinaï, Ruelle und Bowen nach dem ergodischen Maß berechneten Mittelwert. Vom statistischen Standpunkt kann man daher sagen, daß diese Folge von Werten zufällig ist und aus unabhängigen Ziehungen auf dem Attraktor resultiert, die mit der ergodischen Wahrscheinlichkeit erfolgt sind. Diese Wahrscheinlichkeit wird man dann experimentell nach dem Gesetz der großen Zahl bestimmen können.

Der Vorteil dieser probabilistischen Interpretation ist, daß sie robust ist; sie erfordert keine tiefere Kenntnis des Systems, seiner möglichen Zustände oder der Gesetze, die sein Verhalten bestimmen. Es ist eine Erklärung, die immer paßt und die in einer Vielzahl von Umständen möglich ist, selbst wenn, wie hier, das System im Grunde deterministisch ist. Mit anderen Worten: es ist gleichgültig, ob der Zufall in der Natur oder im Auge des Betrachters liegt; die probabilistische Interpretation wird davon nicht berührt. Wohlgemerkt handelt es sich nicht nur darum, daß man sagt, diese Folge von Beobachtungen könne auch das Resultat einer Zufallsauslosung sein. Das trifft für jede beliebige Folge von Werten zu: Das Wesen des Zufalls ist es ja gerade, daß alles möglich ist, sogar das Unwahrscheinliche. Die probabilistische Interpretation geht viel weiter: Sie bekräftigt, daß die beobachtete Stichprobe nicht nur möglich, sondern auch wahrscheinlich ist, woraus folgt, daß die anhand langer Perioden berechneten Mittelwerte sich schließlich um die theoretischen Werte einpendeln werden.

Diese Schlußfolgerung ist allgemein genug, um auch dann noch zu gelten, wenn man fast nichts über das System weiß. Was eine genauere Kenntnis des Systems mit sich bringen würde, wäre nicht mehr das Wissen, daß eine Stichprobe nach einem gewissen Wahrscheinlichkeitsgesetz gezogen worden ist – mit allen Zufällen, die das bedeutet, einschließlich des Zufalls, unsere statistischen Prognosen durch das Ergebnis widerlegt zu sehen –, sondern das Wissen, was genau das Resultat jeder einzelnen Ziehung sein wird – so wie ein geschickter Taschenspieler alle Welt zu täuschen versteht. Und ebensowenig wie ein Spieler, der sich vor Betrug schützen will, darf der Beobachter einfach blindlings auf statistische Methoden zurückgreifen. Nur als allerletzte Zuflucht kann man sich erlauben, auf ein probabilistisches Modell zurückzugreifen – dann nämlich, wenn man es aufgegeben hat, das System in seinem Inneren verstehen zu wollen, und daher bereit ist, sich mit einer phänomenologischen Beschreibung und statistischen Prognosen zu begnügen.

Es gibt heute Methoden, die es erlauben, eine Folge von Beobachtungen $x_0, x_1, \ldots, x_n$ zu analysieren, um ein etwa zugrundeliegendes deterministisches Gesetz darin aufzuspüren. Sie bestehen im wesentlichen darin, jede Folge von m Werten als die Koordinaten eines Punktes in m Dimensionen aufzufassen und zu sehen, wie die so erhaltenen Punkte sich verteilen. Bei $m = 2$ kann man etwa die Punkte

$$M_0 = (x_0, x_1),\ M_1 = (x_1, x_2), \ldots, M_{n-1} = (x_{n-1}, x_n),$$

konstruieren und ihre Verteilung in der Ebene untersuchen. Wenn sie sich sichtbar um Objekte einer niedrigeren Dimension gruppieren und Kurven oder Fraktale bilden, ist das ein Indiz dafür, daß man es mit einem deterministischen System zu tun hat; was die Punkte zeichnen, ist das Bild des Attraktors. Wenn sich die Punkte dagegen nahezu gleichmäßig über große Flächen verteilen und eintönige graue Wolken bilden, ist es zwecklos, nach einem deterministischen Modell mit einem Attraktor zu suchen, dessen Dimension kleiner als 2 ist. Dann muß man dieselbe Prozedur in drei Dimensionen vornehmen, und zwar mit den Punkten

$$M_0 = (x_0, x_1, x_2),\ M_1 = (x_1, x_2, x_3), \ldots,$$
$$M_{n-2} = (x_{n-2}, x_{n-1}, x_n).$$

Je nachdem, wie die Punkte sich im Raum verteilen, entdeckt man das Vorhandensein oder Nichtvorhandensein eines Attraktors mit einer Dimension kleiner 3. Mit einem hinreichend leistungsfähigen Computer und unter der Voraussetzung, daß man über genügend Beobachtungen verfügt, kann man diese Prozedur bis $m = 10$ fortsetzen, womit man das Vorhandensein von Attraktoren in turbulenten Strömungen und sogar in den Aktienkursen der Wall Street hat nachweisen können.

Wir wollen noch einmal betonen, daß diese Methoden es uns zwar gestatten, uns vor dem Übersehen eines deterministischen Modells hinter dem untersuchten Phänomen zu schützen und damit ein Zufallselement auszuschließen, das einzig und allein auf die Unwissenheit des Beobachters zurückgehen würde. Trotzdem bleibt aber ein grundsätzliches Zufallselement bestehen, das durch die Entropie gemessen wird. Auch der kundigste Beobachter verfügt nur über

Instrumente von begrenzter Präzision. Kennte er auch vollständig das Gesetz des Systems, so würde er doch die physikalischen Konstanten und den Anfangszustand nur bis zur zwölften Dezimalstelle kennen. Die dreizehnte Stelle, deren Wert er nicht kennt und die allmählich immer größer wird, beeinträchtigt dann immer noch die Prognosen, die er hat treffen können, bis sie schließlich langfristig jede Gültigkeit verlieren. Gewiß wird in deterministischen Systemen der Endzustand eindeutig durch den Anfangszustand festgelegt. Aber die exponentielle Instabilität bewirkt, daß man aus einer näherungsweisen Kenntnis des Anfangszustandes keine näherungsweise Kenntnis des Endzustandes ableiten kann. Sofern die Entropie nicht gleich null ist, nimmt die Präzision der Prognosen im Laufe der Zeit ab, so daß regelmäßige Beobachtungen notwendig sind, um die Entwicklung des Systems zu verfolgen. Das Fehlen von Beobachtungen läßt uns irgendwo auf dem Attraktor in völliger Ungewißheit zurück.

Nicht erst von heute datiert das Bewußtsein für die Schwierigkeiten, die die exponentielle Instabilität für langfristige Prognosen aufwirft; man möchte freilich wünschen, dieses Bewußtsein wäre weiter verbreitet gewesen. Bereits James Maxwell und Henri Poincaré, der größte Physiker und der größte Mathematiker des 19. Jahrhunderts, haben zu diesem Thema Definitives geschrieben. Maxwell erinnert daran, daß es zwar unzweifelhaft ist, daß dieselben Ursachen dieselben Folgen zeitigen, daß aber die Empfindlichkeit in bezug auf die Anfangsbedingungen bewirken wird, daß vergleichbare Ursachen nicht zwangsläufig vergleichbare Folgen haben. Poincaré äußert sich in *Wissenschaft und Methode* folgendermaßen:

»Eine sehr kleine Ursache, die für uns unbemerkbar bleibt, bewirkt einen beträchtlichen Effekt, den wir unbedingt bemerken müssen, und dann sagen wir, daß dieser Effekt vom Zufall abhänge.«

Diesen Gedanken entwickelt er dann weiter:

Weshalb bereitet es den Meteorologen so viele Schwierigkeiten, das Wetter mit einiger Sicherheit vorauszusagen? Weshalb scheint uns das Eintreten von Regengüssen und Stürmen gänzlich vom Zufall abzuhängen, so daß manche Leute es für ganz natürlich halten, um Regen und gutes Wetter zu beten, während doch dieselben Leute es lächerlich finden würden, wenn man eine Sonnenfinsternis durch Gebet herbeiführen wollte? Wir wissen, daß die großen Störungen meistens in denjenigen Gebieten der Atmosphäre entstehen, in denen dieselbe sich in unstabilem Gleichgewichte befindet. Die Meteorologen erkennen wohl, daß das Gleichgewicht unstabil ist und daß irgendwo ein Zyklon entstehen wird; aber wo, das können sie nicht angeben; ein Zehntelgrad mehr oder weniger an irgendeiner Stelle, und der Zyklon bricht nicht hier, sondern dort aus, und seine Verwüstungen treffen Gegenden, die sonst verschont geblieben wären. Wenn man diesen Zehntelgrad gekannt hätte, so wäre das Eintreffen des Sturmes vorauszusehen gewesen, aber die Beobachtungen waren weder hinreichend dicht noch hinreichend genau, und deshalb macht es den Eindruck, als sei alles dem Zufall überlassen.

Dieser Text ist um so bemerkenswerter, als er 1908 geschrieben wurde, mehr als ein halbes Jahrhundert vor der Entdeckung des Lorenzschen Attraktors, zu einer Zeit, da man nicht über die Rechenkapazitäten verfügte, die es uns heute erlauben, das Verhalten der allgemeinsten Systeme numerisch zu simulieren. Er zeugt also von einer wahrhaft genialen Intuition auf seiten des Autors, einer Intuition, die sich Poincaré in der strengen Schule der physikalischen Wissenschaften erworben hatte, namentlich der Himmelsmechanik, wo er Gelegenheit hatte, integrierbare Systeme sehr detailliert zu untersuchen und sich mit der Berechnung von Störungen zu befassen.

Bis zum Aufkommen des Computers bestand die einzige Möglichkeit, das Verhalten eines Systems zu untersuchen, darin, die Entwicklungsgleichungen explizit zu lösen, was nur bei einer sehr begrenzten Klasse von Systemen, den sogenannten integrierbaren Systemen, möglich ist. Für Systeme, die diesen integrierbaren Systemen verwandt sind, gibt es ebenfalls Methoden, die es erlauben, die Gleichungen wenigstens teilweise zu lösen und hieraus das Verhalten des Systems in Zeitintervallen abzuleiten, die groß sein können, von denen man aber nicht mit Sicherheit sagen kann, daß sie sich bis ins Unendliche erstrecken. So kann man diese Systeme (wie alle Systeme) kurzfristig beschreiben, sogar mittelfristig (für eine Zeitdauer, die sehr schwer zu schätzen ist), aber nicht langfristig (was nur bei integrierbaren Systemen möglich ist). Man nennt dies Störungsrechnung, und sie liegt allen astronomischen Berechnungen zugrunde; wir werden zu gegebener Zeit auf sie zurückkommen.

Der Begriff des integrierbaren Systems hat im Laufe der Jahrhunderte gewisse Wandlungen erfahren. Er ist hinreichend klar, wenn man ihn auf das Elementarbeispiel bezieht, auf das Paradigma, das die gesamte moderne Naturwissenschaft inspiriert hat: das Keplersche System. Es gilt dabei, die Bewegung eines Planeten zu beschreiben, der um die Sonne kreist. Diese Bewegung wird vollständig durch drei Gesetze bestimmt, die von Kepler auf experimentellem Wege entdeckt worden sind: Der Planet beschreibt eine Ellipse, in deren einem Brennpunkt die Sonne steht; die Verbindungslinie zwischen Planet und Sonne überstreicht in gleicher Zeit gleich große Flächenstücke (der Planet bewegt sich also auf den sonnennahen Teilen seiner Umlaufbahn schneller); seine Umlaufperiode ist proportional der großen Halbachse zur Potenz 3/2 (ein Planet, der sich hundertmal weiter weg befindet, dreht sich also tausendmal langsamer um die Sonne).

Der unvergängliche Ruhm Newtons besteht darin, die allgemeinen Gravitationsgleichungen aufgestellt und diese dann für den sehr speziellen Fall, daß das Universum sich auf zwei Himmelskörper reduziert, gelöst zu haben. Newton fand, daß die Keplersche Bewegung die logische und notwendige Folge eines Anziehungsgesetzes in $1/r^2$ ist (die Kraft ist umgekehrt proportional zum Quadrat der Entfernung) und zeigte, daß diese Bewegung vollständig und unbegrenzt vorhersehbar ist. So weit man auch in die Zukunft voraus- oder in die Vergangenheit zurückgeht, man kann die Position des Planeten immer angeben. Es gibt keine Spur von Instabilität. Gewiß: wenn man sich zu Beginn über die Position oder die Geschwindigkeit des Planeten getäuscht hat, schleppt man diesen Irrtum durch alle Berechnungen der Planetenbahn fort; die Ellipse ist dann deformiert oder falsch plaziert. Aber diese Berechnung wird nur einmal angestellt. Danach verändert sich weder die berechnete Bahn noch die wirkliche Bahn des Planeten, und seine berechnete Position bleibt zwangsläufig und in alle Ewigkeit der wirklichen Position nahe. Die Fehler vergrößern sich nicht im Laufe der Zeit, wie dies bei der exponentiellen Instabilität der Fall ist, und die Entropie des Systems ist gleich null.

Aber der Planet Erde ist nicht der einzige, der sich um die Sonne bewegt. Es gilt zu wissen, ob die so wünschenswerten Eigenschaften der Stabilität für das ganze Sonnensystem gelten, wie wir es kennen: mit seinen riesigen, von Satelliten umkreisten Planeten, seinen Kometen und seinen Asteroiden, ganz zu schweigen von Himmelsobjekten, von deren Existenz wir noch nichts wissen.

Seit den Anfängen der Himmelsmechanik hat diese Frage sich in sehr konkreter Weise gestellt. Die Umlaufbahn des Mondes um die Erde etwa ist alles andere als elliptisch oder gar periodisch, und zwar aufgrund des beträchtlichen Einflusses der Anziehungskraft der Sonne; die genaue Beschreibung der Mondbewegung hat die größten Geister der Astronomie von Newton bis Poincaré beschäftigt. Die Umlaufbahn der Erde um die Sonne hingegen kommt der Keplerschen Ellipse schon viel näher. Die größte Störung geht auf den Einfluß des Jupiters zurück und bewegt sich im Vergleich zur Sonnenanziehung in der Größenordnung von 1 : 20 000, während beim Mond das Verhältnis von zentraler Kraft (Erdanziehung) zu größter Störung (Sonnenanziehung) nur 1 : 50 beträgt. Ferner ist der zeitliche Maßstab nicht derselbe: Ein Erdjahr entspricht zwölf Mondmonaten. Die Folge ist, daß wir mit unseren Prognosen für die Erde viel weiter gehen können als für den Mond. Aber auch für die Erde gibt es eine – übrigens schwer festzusetzende – Grenze, jenseits derer die Störungsrechnung keine Gültigkeit mehr hat. Was sich hinter diesem Horizont abspielt, entzieht sich völlig unserem Blick. So sind wir außerstande, die fundamentale Frage zu beantworten: Ist das Sonnensystem stabil? Wird die Erde sich in alle Ewigkeit auf einer Bahn bewegen, die der uns heute bekannten zumindest benachbart ist? Oder ist sie dazu verdammt, sich im interstellaren Raum zu verlieren oder auf die Sonne zu stürzen?

Poincaré hat einen beträchtlichen Teil seiner wissenschaftlichen

Arbeit diesem Problem gewidmet. Er hat vor allem gezeigt, daß das Problem der drei Körper, das heißt die Untersuchung der Bewegung von drei Massen, die sich mit ihrer Schwerkraft gegenseitig beeinflussen, nicht integrierbar ist. Schon eine vereinfachte Version des Sonnensystems, reduziert auf Sonne, Jupiter und Erde, entzieht sich einer expliziten Lösung, und es keimt der Verdacht auf, daß das Sonnensystem in der Tat chaotisch ist. Wohlgemerkt, Poincaré hatte nicht die Mittel, diesen Verdacht auszuräumen oder zu bestätigen, auch wenn sein Werk vielfältige Vermutungen enthält, die für eine Bestätigung des Verdachts sprechen. Bis heute ist diese Frage bei weitem nicht gelöst. Indessen verfügt man über ergänzende Vermutungen, die das Ergebnis von numerischen Simulationen auf Großrechenanlagen sind, wie sie für astronomische Berechnungen benutzt werden.

Die jüngste dieser Berechnungen simuliert die Evolution des gesamten Sonnensystems über einen Zeitraum von 200 Millionen Jahren und macht eine exponentielle Instabilität sichtbar: die Störungen werden in 100 Millionen Jahren mit 10^{10} (zehn Milliarden) multipliziert. Das heißt: In einem Zeitraum, der nach astronomischen oder auch geologischen Maßstäben sehr kurz ist, kann eine Fluktuation von einem Zentimeter in der Ausgangsposition sich letzten Endes in einer Verschiebung von einer Million Kilometern ausdrükken. Demgegenüber zeigt der Computer für die ersten zehn Millionen Jahre eine große Stabilität der Bewegung, die sehr gut mit den Prognosen der Störungstheorie übereinstimmt. Man darf nicht erwarten, daß eine derartige theoretische Simulation unsere prognostischen Fähigkeiten über diese Schwelle von zehn Millionen Jahren hinaus erweitern würde. Sobald ein System chaotisch ist, sind die kleinsten Störungen von Bedeutung, namentlich die Rundungsfehler, die der Computer zwangsläufig bei jedem Rechenschritt begehen muß. Er beschneidet die Ergebnisse aller Zwischenberechnungen, um sie auf die gewünschte Anzahl von Dezimalstellen zu bringen, und der kumulative Effekt all dieser kleinen Ungenauigkeiten kann durchaus das Endergebnis völlig entstellen. Auf diesem Gebiet ist der Computer also kein geeignetes Instrument der quantitativen Prognose. Er erzeugt eine starke Vermutung zugunsten eines qualitativen

Resultats, nämlich daß das System chaotisch ist und daß die Umlaufbahnen der Planeten in einem Zeitraum von der Größenordnung einiger hundert Millionen Jahre sehr erhebliche Fluktuationen durchmachen können.

Vielleicht muß man in dieser Instabilität den Grund für die großen Klimaschwankungen sehen, die sich im Verlauf der Erdgeschichte abgespielt haben; schreibt man doch schon den kleinen Oszillationen der Erdbahn, deren Periode sich in der Größenordnung von zehntausend Jahren bewegt, die Abfolge der Eiszeiten zu, die ihre Spur in den geologischen Hauptschichtungen hinterlassen haben. Hier ist der Zeitmaßstab viel größer, und die Auswirkungen können potentiell verheerend sein. Vielleicht hat sich auch der Mars einst einer günstigeren Position erfreut, und vielleicht tritt einst die Venus an die Stelle eines blauen Planeten, den seine Bewohner verwüstet haben: In diesem zeitlichen Maßstab ist alles möglich. Der Gang der Planeten, nach menschlichen Vorstellungen der Inbegriff der Stabilität, gleicht einer Uhr, die der Schöpfer zwischen die Sterne versetzt hat, ist *sub specie aeternitatis* nur eine nicht vorhersehbare, ungeordnete Bewegung.

Dieses Beispiel ist sehr lehrreich. In erster Linie zeigt es uns, daß die integrierbaren und damit prognostizierbaren Systeme nur eine außerordentlich begrenzte Klasse bilden; das Keplersche System ist integrierbar, aber es genügt bereits eine ganz leichte Modifikation, und man erhält Systeme, deren Entropie nicht gleich null ist. Das Chaos ist die Regel, die Integrierbarkeit die Ausnahme. Darüber hinaus schützt uns das Studium der Himmelsmechanik vor einer verbreiteten Krankheit, nämlich dem Wunsch, Ursachen zu erforschen: In einem nicht integrierbaren System ist es müßig, eine Kausalkette isolieren zu wollen. Verschiebt heute ein böser Geist die Erde auf ihrer Umlaufbahn um wenige Zentimeter, so beeinflußt er damit auf hinreichend lange Sicht sämtliche Planetenbahnen, und dieser Effekt läßt sich nicht anders berechnen oder auch nur berücksichtigen als dadurch, daß man das Sonnensystem in seiner Gesamtheit betrachtet. Wohlgemerkt, in erster Linie wäre die Bewegung der Erde verändert und damit ihre störende Wirkung auf die anderen Planeten; diese bekämen die Folgen zu spüren, so daß man in einer zweiten Phase eine leichte Modifikation ihrer Umlaufbahnen beobachten würde. Wenn das geschähe, würden sich ihre jeweiligen Positionen und die Einwirkung ihrer Schwerkraft aufeinander verändern, und schließlich, im Maßstab von zehn bis hundert Millionen Jahren, wäre das ganze Sonnensystem in Mitleidenschaft gezogen.

Die Folge eines einfachen Impulses kann man also nicht dadurch berechnen, daß man sich auf die bloße Berücksichtigung der Erdumlaufbahn beschränkt; gewiß muß man zunächst den Primäreffekt auf diese Umlaufbahn in Rechnung stellen, aber dann auch den sekundären Effekt, der durch den veränderten Schwerkrafteinfluß aufgrund der Modifikation der anderen Planetenbahnen entsteht, sodann den tertiären Effekt, den der sekundäre Effekt unfehlbar hat, sobald sich die entsprechenden Veränderungen in der Bewegung der Erde den anderen Planeten mitteilen, und so fort. Verläßt man also den Bereich der Kurzzeitprognosen, so kann ein System nur in seiner Gesamtheit behandelt werden.

Generell kann man in einem deterministischen System keine Subsysteme einführen, um damit einen bestimmten Effekt auf eine bestimmte Ursache zurückzuführen. Wenn man einen Anfangsstoß einführt, wie unser böser Geist, der die Erde aus ihrer Bahn lenkt, kann man die langfristigen Folgen dieser Veränderung nur dadurch abschätzen, daß man die gesamte Entwicklung des Systems mit diesen neuen Daten rekonstruiert. Man erhält dann im allgemeinen einen globalen Zustand, der sich vollständig von demjenigen unterscheidet, der ohne den Anfangsstoß eingetreten wäre, und es ist müßig, beide Zustände miteinander vergleichen zu wollen. Man kann dann nicht sagen, daß sich das eine verändert hat, nicht aber das andere, und damit so tun, als hätte man die Wirkungen des Anfangsstoßes identifiziert. Eine lokale Modifikation kann zu einer globalen Veränderung führen, so wie die Berührung mit einem Zauberstab uns in eine andere Welt versetzen kann. Man kann dieser Ursache keine geringere Wirkung zuschreiben als die Totalität der neuen Situation, woraus offenkundig wenig Lehren zu ziehen sind.

Es ist die fundamentale Eigenschaft dynamischer Systeme, daß sie nicht anders als global erfaßt werden können. Von dieser Regel gibt es nur eine einzige Ausnahme: die integrierbaren Systeme, von denen in erster Linie die linearen Systeme zu nennen sind. Abgesehen von diesen ganz speziellen Situationen geraten wir bei der Suche nach den Ursachen oder der Erforschung der Folgen eines singulären Ereignisses sehr schnell in ein unberechenbares Labyrinth, aus dem kein Entrinnen ist, es sei denn, wir ringen uns zu dem Eingeständnis durch, daß kein Einfluß zu minimal ist, um vernachlässigt zu werden, und daß der kleinste Impuls den Gang des Universums in Frage stellt. Daß diese Denkweise uns so fremd ist, liegt daran, daß wir die weise Angewohnheit haben, unseren Horizont auf eine Zukunft zu beschränken, die erfahrungsgemäß vorhersehbar ist. Unser Wissen reicht bequem aus, um die in alten Chroniken erwähnten Sonnen- und Mondfinsternisse datieren und das Wetter von morgen vorhersagen zu können. Über so kurze Zeiträume sind die betrachteten Systeme annähernd linear und daher integrierbar. Erst viel längerfristig beeinträchtigen die Interaktionen aufgrund der Nichtlinearitäten das Bild, bis es soweit kommt, daß die Entwicklung des allerisoliertesten Teils sich mit dem des Systems in seiner Gesamtheit vermischt.

Zur Präzisierung der Dinge möchte ich an eine gängige Definition erinnern, wonach der Zufall in der Überschneidung von unabhängigen Kausalreihen besteht. Ein Mensch geht in dem Augenblick die Straße entlang, wo ein Ziegel sich vom Dach löst, ihn trifft und tötet. Der Mensch ging ruhig seinen Geschäften nach, während der Ziegel den Launen des Windes ausgesetzt war. Es gibt also zwei Ereignisreihen, die beide ihre eigene Logik haben; sie sind so offensichtlich verschieden und ihr gemeinsames Endergebnis ist so unproportional, daß man sogleich das Unglück, das heißt den Zufall beklagt.

Aber den gibt es nicht; es kann keine unabhängigen Kausalreihen im Universum geben. Der Passant auf der Straße übt eine Anziehungskraft auf den Dachziegel in der Höhe aus, und der Windstoß, der den Ziegel herabwirft, ist untrennbar mit dem gesamten meteorologischen Kontext verbunden, in dem auch die früheren Handlungen des Opfers ihren Platz gehabt haben. Von »Unabhängigkeit« der Kausalreihen zu sprechen ist nur eine bequeme Annäherung, eine kurzsichtige Anschauung der Ereignisse, die man notgedrungen aufgeben muß, wenn man eine feinere Analyse oder einen ferneren Horizont sucht. Ein böser Geist lenkt – weit unterhalb unserer Wahrnehmungsschwelle – ein Elektron auf Sirius aus seiner Bahn. Damit modifiziert er sämtliche Anziehungskräfte, die dieses Elektron auf die anderen Teilchen im Universum ausübt, namentlich auf die Gasmoleküle, aus denen die Erdatmosphäre besteht. Es bedarf nur weniger Sekunden, um aus diesem minimalen Impuls, der durch die Kollision der Moleküle miteinander weitergegeben und verstärkt wird, wahrnehmbare Modifikationen werden zu lassen. Nun tritt die meteorologische Instabilität in ihre Rechte, und der leise Luftzug, der in der Karibik auftritt, wird zu einem Zyklon, der die Ostküste der Vereinigten Staaten verwüstet.

Der Versuch, die Ursachen eines Ereignisses zu isolieren, das uns erstaunt, ist ein Unterfangen, das nur begrenzt sein kann; wenn man es zu weit treiben will, läuft man Gefahr, sich auf Gedeih und Verderb der Bewegung der Elektronen auf Sirius auszuliefern. Von dem ungeheuren Universum können wir immer nur einen kleinen Teil auf einmal wahrnehmen, und wir wissen nicht, wann das, was wir vergessen haben, von größerer Bedeutung ist als das, was wir sehen. Wir sind wie ein Wanderer, der sich im Nebel verirrt hat; sein Blick schneidet einen kleinen Raum von tröstlicher Vertrautheit aus, aber hinter den grauen Mauern, die ihn umgeben, beginnt das Reich der Geister.

Im Jahre 413 v. Chr. stand ein athenisches Expeditionskorps vor Syrakus. Bei dem Versuch, die die Stadt beherrschenden Höhen zu nehmen, hatte man eine böse Niederlage erlitten; jetzt war die Lage kritisch. Zum Glück hatte man noch die Flotte und damit die Möglichkeit, entweder die Belagerung abzubrechen und nach Athen zurückzukehren oder eine günstigere Operationsbasis zu suchen. Zwei athenische Generale, Demosthenes und Eurymedon, erkannten, daß die Zeit drängte, und wollten unverzüglich in See stechen, aber die Unentschlossenheit des dritten, Nikias, verzögerte die Abfahrt.

Das gab dem Befehlshaber der Streitkräfte in Syrakus, dem Spartiaten Gylippos, genügend Zeit, um Sizilien herumzufahren und Verstärkung zu suchen. In Selinunt traf er auf eine Flotte, die im

Frühjahr von der Peloponnes aufgebrochen war, um ihm zu Hilfe zu kommen, und die nun endlich ans Ziel gelangt war, nachdem sie zahlreiche Abenteuer bestanden hatte: Vom Sturm an die libysche Küste geworfen, hatten die Griechen dort verbündete Kolonien entdeckt, sich aufgehalten, um ihnen Beistand gegen die Libyer zu leisten, und waren dann die afrikanische Küste entlanggesegelt, um schließlich auf kürzestem Weg nach Sizilien zu fahren. Die Flotte landete in Selinunt, wo Gylippos sie vorfand und mit weiteren Verstärkungen unverzüglich nach Syrakus brachte.

Das Eintreffen dieser Verstärkung verschlimmerte die Lage der Athener, die bereits bereuten, daß sie nicht die Gelegenheit genutzt hatten, unbehelligt abzuziehen. Da auch Nikias keine Einwände mehr erhob, traf man in aller Heimlichkeit die Vorbereitungen zur Abfahrt. Die Truppen sollten sich im Schutz der Nacht einschiffen und die Flotte ihren Liegeplatz verlassen, wo sie in der Falle saß, und das offene Meer erreichen; da trat die Mondfinsternis vom 27. August 413 v. Chr. ein. Tief beeindruckt von diesem Ereignis, verlangten die Leute, man solle noch warten, die Seher erklärten, daß ein Aufschub von dreimal neun Tagen notwendig sei, und Nikias, der ein sehr frommer Mann war und fanatisch an Orakel und Weissagungen glaubte, wollte von einer Abfahrt vor dem festgesetzten Datum nichts mehr wissen.

Man braucht wohl kaum zu sagen, daß dies alles sehr böse ausging. Die von Gylippos zur Verstärkung herangeholten Männer und Schiffe hatten alle Zeit der Welt, sich zur Entscheidungsschlacht zu rüsten. Die athenische Flotte, die im Hafen von Syrakus manövrierunfähig festsaß, wurde vor den Augen ihrer Soldaten vernichtet; die Männer waren gezwungen, den Rückzug, den sie auf dem Meer hätten antreten sollen, zu Lande zu versuchen; er endete nach drei Tagen mit einer Katastrophe, bei der die drei Generale und fast die gesamte Armee zugrunde gingen – sei es vor und nach den Kämpfen von der Hand der Syrakusaner, sei es in den Steinbrüchen, wo die Kriegsgefangenen unter erbarmungswürdigen Umständen festgehalten wurden.

Die unmittelbaren Ursachen dieser Niederlage waren neben der Unschlüssigkeit des Nikias, die sie möglich machte, zwei Schicksalsschläge: das Eintreffen der peloponnesischen Flotte und die Mondfinsternis. Das eine wie das andere liefert uns eine perfekte Illustration für das Sichüberschneiden zweier unabhängiger Kausalreihen und damit für eine bestimmte Konzeption von Zufall. Vom Standpunkt der Peloponneser waren ihre Hilfsflotte und Gylippos Teil ein und desselben Systems, und beider Handlungen waren nur auf *ein* Ziel ausgerichtet, nämlich den Sieg über die Athener. Doch von einem bestimmten Augenblick an verloren beide Parteien den Kontakt zueinander; von da an bildeten Gylippos in Sizilien und die Verstärkungen in Libyen zwei isolierte Subsysteme, die unabhängig voneinander agierten, wobei beide Teile ihrer eigenen Logik folgten und auf die Ereignisse reagierten. Beide hatten einen ausgezeichneten Grund, an dem bewußten Tag in Selinunt zu sein: Gylippos, weil er seine Rundfahrt um Sizilien rational geplant hatte, die Peloponneser, weil Selinunt der afrikanischen Küste am nächsten lag. Beide Gründe waren unabhängig voneinander, ebenso wie die Abenteuer in Sizilien oder Afrika, die für die Akteure die Zeiteinteilung prägten, und der Zufall bestand eben genau darin, daß diese beiden verschiedenen Geschichten sich an demselben Tag und an demselben Ort miteinander verbanden.

Noch klarer liegt der Fall in bezug auf die Mondfinsternis. Für uns, die wir die Himmelsmechanik und die Keplerschen Gesetze kennen, liegt natürlich nichts Zufälliges darin, daß am 27. August 413 v. Chr. eine Mondfinsternis eintrat. Der beste Beweis hierfür ist der Umstand, daß es diese Mondfinsternis ist, die es uns heute erlaubt, die von Thukydides berichteten Ereignisse zu datieren, und nicht umgekehrt. Astronomische Tabellen liefern uns die Daten aller Sonnen- und Mondfinsternisse für den gesamten historischen Zeitraum, das heißt von heute aus gerechnet für die vergangenen dreitausend Jahre. Genauso gut können wir die Daten von Sonnen- und Mondfinsternissen für die nächsten dreitausend Jahre berechnen: Die Bewegungen der Erde, der Sonne bzw. des Mondes sind Ausdruck eines strengen Determinismus und vollständig vorhersehbar, zumindest im Maßstab der menschlichen Geschichte. Diese Bewegungen werden nicht sichtbar durch die Tatsache beeinflußt, daß irgendwo auf dem Planeten ein paar tausend Männer dabei sind, sich eine Schlacht zu liefern. Umgekehrt konnten weder die Athener noch die Peloponneser sich beim wissenschaftlichen Kenntnisstand ihrer Zeit vorstellen, daß Mondfinsternisse vorhersehbar sein könnten, und so entwarfen sie ihre strategischen Schlachtpläne, ohne diese Möglichkeit in Betracht zu ziehen. Wir haben also einen Fall von der Art, daß zwei Systeme sich unabhängig voneinander entwickeln, wobei das eine System einem physikalischen Determinismus und das andere einem historischen Determinismus gehorcht – bis zum 27. August - 413, dem Tag, an dem ersteres einen wesentlichen Einfluß auf letzteres ausübt.

Nichts ist beunruhigender für jeden, der in den historischen Determinismus verwickelt ist, als der Einbruch eines unerklärten Phänomens, einer reinen Kontingenz. Seit der erste Anthropoide auf der Erde gegangen ist, hat der Mensch versucht, zu überleben, indem er sich an seine Umwelt anpaßte, das heißt, indem er aus der Erfahrung Lehren zog, um ein wenig die Zukunft zu antizipieren. Das Unerklärliche akzeptieren, sich mit dem Unvorhergesehenen abfinden bedeutet, eine weite Bresche an jener Front ungedeckt zu lassen, an der wir ständig gegen eine uns feindlich gesinnte Natur kämpfen, und vielleicht das Überleben der Menschheit aufs Spiel zu setzen. Es ist daher von höchster Dringlichkeit, Ereignissen einen geheimen Sinn zuzuschreiben, die keinen offensichtlichen Sinn haben, das heißt, die sich nicht ohne weiteres in jenen Determinismus einbauen lassen, den wir in Gestalt einer tausendjährigen Erfahrung anerkennen. Unter vergleichbaren Umständen hat der Urmensch die Götter angerufen und versucht, sie zu besänftigen, während der moderne Mensch den Zufall anruft und statistische Berechnungen anstellt. Doch kann erst die Entdeckung eines verborgenen Determinismus die Frage abschließend beantworten. Wie wir gesehen haben, ist das nicht leicht, selbst bei einfachen Systemen nicht; aber kein Wissenschaftler wird sich wirklich zufriedengeben, bevor diese Frage nicht gelöst ist.

So gesehen, kann der Zufall in bezug auf eine menschliche Erfahrung in einer gegebenen historischen Situation nur relativ sein. Was für Thukydides Glück oder Schicksal war, ist es für seinen modernen Leser nicht mehr. Die Mondfinsternis, welche die athenische Armee mit abergläubischem Schrecken erfüllte, würde heute nur noch die

Neugierde reizen, als seltenes und spektakuläres Ereignis, das keine anderen als ästhetische Überlegungen weckt. Wir rühren hier an die Tatsache, daß »Zufall« immer die Antwort auf eine Frage ist, die ein Mensch sich stellt. Wenn ein Ereignis unbemerkt vorübergeht, wenn es als interessant gilt oder wenn es darüber hinaus erklärt wird, wird es niemandem einfallen, den Zufall ins Spiel zu bringen. Nikias und seinen Männern hat die Mondfinsternis diese Frage gestellt; uns stellt sie sie nicht mehr. Genauso bemerkenswerte Koinzidenzen wie die gleichzeitige Ankunft des Gylippos und der zu seiner Verstärkung entsandten Hilfstruppen in Selinunt ereignen sich alle Tage, und kein Mensch bemerkt sie oder erstaunt gar über sie.

Stellen wir uns vor, an demselben Tag wie die peloponnesische Flotte wäre ein karthagischer Kaufmann im Hafen angekommen. Das ist sehr gut möglich, ja angesichts der Handelsbeziehungen, die Karthago zu den kriegführenden Parteien unterhielt, sogar wahrscheinlich. Aber die Geschichte hat uns die Erinnerung daran nicht überliefert; denn dieses Ereignis, obgleich prinzipiell genauso bemerkenswert wie die Ankunft des Gylippos, hatte nicht denselben Stellenwert. Von den drei durch dieses gleichzeitige Eintreffen herbeigeführten Begegnungen – Gylippos und der Kaufmann, der Kaufmann und die Peloponneser, die Peloponneser und Gylippos – war es nur diese letztere, die Beachtung fand und Fragen aufwarf; doch sind alle drei gleichermaßen bemerkenswert oder gleichermaßen banal, je nachdem, auf welchen Standpunkt man sich stellt. Gleichermaßen banal, weil es nichts Gewöhnlicheres als die Ankunft von Reisenden in einem Handelshafen gibt und natürlich zu erwarten ist, daß einige von ihnen am selben Tag eintreffen. Gleichermaßen bemerkenswert, weil gleichermaßen unwahrscheinlich; um sich im Glanz der Geschichte zu sonnen, bedürfen sie nur des guten Willens eines Beobachters, der sie dem Vergessen entreißt, so wie König Midas alles in Gold verwandelte, was er berührte. Würden wir lateinisch reden, so würden wir für »bemerkenswert« *egregium* sagen, und die Etymologie würde sofort unseren Gedanken verraten: *e-gregium,* außerhalb der Herde, so wie man aus einer Schar völlig identischer Individuen eines beiseite nimmt, das sich gleichsam von einem Schiedsrichter ausgesondert sieht. Der karthagische Kaufmann mag am peloponnesischen Krieg und an der Expedition nach Sizilien völlig uninteressiert sein; er weiß nichts von der Ankunft des Gylippos, aber er wundert sich, unter den Ankommenden einen Freund wiederzufinden, den er seit langem aus den Augen verloren hat. Das erstaunt ihn, das beschäftigt ihn und wundert ihn für den Rest seines Lebens, während der Geschichtsschreiber, der den Krieg schildert, sich über die individuellen Schicksale der Menschen erhebt. Für Thukydides bildet diese Fülle zufälliger Koinzidenzen nur das Hintergrundrauschen, aus dem er das eigentliche Signal herauszufiltern sucht, das einzige, das wert ist, künftigen Generationen übermittelt zu werden: die Ankunft des Gylippos.

So privilegiert die Mannigfaltigkeit der Gesichtspunkte bald das eine, bald das andere aus einer Fülle gleichzeitiger Ereignisse, die ein vollkommen uninteressierter Beobachter mit nachsichtiger Teilnahmslosigkeit betrachten würde, so wie das Lächeln Buddhas die Wechselfälle unseres Lebens quittiert. Das Glücksrad dreht sich unablässig und verteilt die Geschicke. Jeder mustert sein Los mit jener Angst, die aus dem Ichbewußtsein und aus der Gewißheit entspringt, nur einmal zu leben. Das ist Maja, die große Illusion. Buddha sieht das Rad sich drehen, er bedenkt den ewigen Kreislauf der Wiedergeburten, er weiß, daß das Leben, welches mir heute zuteil wird, nur eine Episode in der unendlichen Geschichte ist, in der ich nacheinander alle Rollen spielen werde. Es gibt keinen Zufall, weil es keinen Sinn gibt, keinen Grund, einen einzelnen Augenblick dieser Geschichte vor einem anderen zu privilegieren – oder diese ganze Geschichte vor einer anderen. Der Anspruch auf Identität, der uns ausrufen läßt: »Warum gerade ich? Warum das mir?« – dieser Anspruch kann nur in Unsinn und in Leiden enden. Vor der sanften Teilnahmslosigkeit der Welt vergeht der Zufall.

5
Risiko

Die Leser mögen mir verzeihen, wenn ich das Werk Snorri Sturlusons nach so vielen Abschweifungen, Untersuchungen und Gesprächen einen Augenblick verlasse, um mich der Saga von Njál dem Verbrannten zuzuwenden. Sie ist die jüngste, aber auch die längste und vielleicht die gelungenste aller großen isländischen Sagas – die letzte, prachtvolle Blüte einer Gattung, die bald darauf zum höfischen Roman und zur *chanson de geste* herabkam. Die Saga von Njál beruht überdies auf streng historischen Tatsachen, da die zentrale Episode, der Brand des Herrensitzes Bergthorshvöll, bei dem Njál und seine Söhne starben, in anderen Quellen, darunter in der *landnámabók*, ebenso bezeugt ist wie die regelrechte Straßenschlacht, zu der es beim Althing von 1011 während des Prozesses im Zusammenhang mit dem Brand kam. Der anonyme Verfasser der Saga hat jenen lapidaren Stil bewahrt, der schon Snorri auszeichnete, und das ganze Werk ist ein Monument für eine Zivilisation, die im Untergehen begriffen war. Njál sieht die Ereignisse und schließlich die Vernichtung seiner Familie kommen, so wie Odin die Götterdämmerung, den Aufstand der Riesen und das Weltende voraussah, aber er ist außerstande, die Entwicklung aufzuhalten.

Einer der Schlüssel zu diesem Werk ist die Freundschaft zwischen Njál von Bergthorshvöll und Gunnar von Hliðarendi. Gunnar ist ein Held, der in voller Rüstung bis zur Höhe seiner eigenen Körpergröße springen kann, und ein unvergleichlicher Bogenschütze. Er vertraut in allem auf Njál und hat nur den Wunsch, in Frieden zu leben, aber weder die weisen Ratschläge des einen noch die guten Absichten des anderen können verhindern, daß eine unvermeidliche Verkettung von Provokation, Vergeltung und Rache Gunnar ins Verderben treibt. Jetzt ist er wieder einmal vor das Althing, die oberste Versammlung, zitiert worden, das ihn zu drei Jahren Verbannung verurteilt hat. Dieses Urteil hat nichts Entehrendes; Gunnars soziale

Stellung wird durch den zusätzlichen Ruhm und die Schätze, die ihm seine Expedition unfehlbar eintragen wird, eher noch gefestigt. Wenn er jedoch das Land nicht verläßt, wird er für geächtet erklärt und ist damit seinen Feinden ausgeliefert, die ihn ungestraft töten können. Hören wir, wie Gunnar von Hliðarendi abreist; er wird begleitet von seinem Bruder Kolskegg.

Gunnar ließ seine Ware und die seines Bruders zum Schiff schaffen. Und als Gunnars gesamte Ausrüstung dahin gebracht und das Schiff zur Abfahrt nahezu vorbereitet war, ritt Gunnar nach Bergthorshval und zu den anderen Höfen, um allen denen seinen Dank für ihre Unterstützung abzustatten, die ihm zur Seite gestanden hatten.

Früh am folgenden Morgen machte er sich fertig für den Ritt zum Schiff. Er sagte nun allen zum Hof Gehörigen, daß er endgültig weggehen werde. Die Leute waren sehr bekümmert darüber, hofften aber auf seine Rückkehr eines Tages. Gunnar verabschiedete sich herzlich von jedem einzelnen, als er zum Aufbruch gerüstet war. Alle traten mit ihm vor das Gehöft hinaus. Er stützte den Hauspieß auf den Boden und sprang mit einem Satz in den Sattel; dann ritten er und Kolskegg davon. Sie ritten auf das Markarfljot zu. Da strauchelte Gunnars Pferd, und er sprang aus dem Sattel. Dabei fiel sein Blick auf den Berghang und auf sein Gehöft Hlidarendi, und er sagte: »Schön ist der Hang! Er ist mir noch nie so schön erschienen: die gelben Kornfelder und die gemähten Wiesen. Ich reite nach Hause zurück und verlasse das Land nicht!« – »Mach deinen Feinden nicht die Freude, deinen Vertrag zu brechen«, entgegnete Kolskegg, »denn von dir würde das keiner erwarten. Und du kannst sicher sein, daß alles so verlaufen wird, wie Njal gesagt hat.« – »Ich werde auf keinen Fall wegfahren«, erwiderte Gunnar, »und es wäre mein Wunsch, daß du genauso handeltest.« – »Das werde ich nicht tun«, erklärte Kolskegg. »Ich werde weder in dieser Sache noch in einer anderen, in der man mir Vertrauen schenkt, wortbrüchig werden. Das ist das einzige, was zur Trennung zwischen uns beiden führt. Sage meinen Verwandten und meiner Mutter, daß ich nicht gedenke, Island wiederzusehen; denn ich werde von deinem Tod erfahren, Bruder, und dann bewegt mich nichts zur Fahrt hierher.« So trennten sie sich, und Gunnar kehrte nach Hlidarendi zurück. Kolskegg aber ritt zum Schiff und fuhr außer Landes.

Hallgerd freute sich über Gunnars Rückkehr, seine Mutter aber sagte nicht viel.[1]

»Hallgerd freute sich über Gunnars Rückkehr, seine Mutter aber sagte nicht viel.« Nur selten findet man die Kunst der Litotes im Ausdruck der Mißbilligung so fein kultiviert wie hier. Hallgerd ist Gunnars Frau, und der Leser der Saga hat im Verlauf der Lektüre Gelegenheit genug gehabt, ihren rachsüchtigen Charakter und ihre Animosität gegen Gunnar kennenzulernen. Sie freut sich über Gunnars Rückkehr, nicht weil sie ihn liebt, sondern weil sie nun Gelegenheit hat, sich an ihm zu rächen. Die Mutter Gunnars hingegen, die ihre beiden Söhne hat scheiden sehen, ohne zu wissen, ob sie sie jemals wiedersehen wird, hüllt sich in Schweigen, als einer von ihnen zurückkehrt. Sie weiß – er weiß – alle wissen, daß das Selbstmord ist. Die Freude Hallgerds ist verwerflich, und Vorwürfe wären es ebenfalls; sie wären auch nutzlos, weil Gunnar weiß, was seine Mutter denkt, ohne daß sie es aussprechen müßte. Im Schmerz verstummt, geht sie ihren häuslichen Arbeiten nach.

Gunnars Entschluß hat die Plötzlichkeit und Unwiderruflichkeit von Naturkatastrophen. Nichts hat ihn angekündigt. Gunnar ist bei dem Althing zugegen, bei dem seine Sache verhandelt wird, er unterstützt Njáls Bemühungen um einen Schiedsspruch, und er zeigt keine Unzufriedenheit mit den getroffenen Vereinbarungen. Im Gegenteil: er verspricht Njál, sie zu respektieren, und trifft Vorbereitungen für seine Abreise. Er nimmt Abschied von den Seinen, und nur durch Zufall – ein loser Stein, ein vorüberhuschender Schatten – strauchelt sein Pferd und gibt Gunnar Gelegenheit, seinen Entschluß zu überdenken. Dieses Umschwenken erfolgt im ungünstigsten Augenblick. Gunnar nimmt in Kauf, daß sein Bruder Kolskegg sich von ihm trennt; vielleicht hätte nichts anderes vermocht, diesen unentwegten Verbündeten von seiner Seite zu reißen. Von da an überstürzen sich die Ereignisse. Gunnar wird beim Althing des folgenden

Sommers für vogelfrei erklärt, und im Herbst brechen seine Feinde zu einer Expedition gegen ihn auf.

Und das alles, weil Gunnar sich zufällig umgesehen und den Hof, an dem er mit Leib und Seele hing, erblickt hatte, als sähe er ihn zum erstenmal, wie er so dalag, gegen den Hügel geduckt, inmitten frisch glänzender, duftender Felder. Warum war das Pferd gestrauchelt? Sind es wirklich so beiläufige Umstände, von denen so schwerwiegende Entscheidungen abhängen? Hätte das Pferd seinen Huf zehn Zentimeter weiter gesetzt oder hätten die Reiter diese Stelle zehn Minuten später passiert, so wäre es nicht zu dem Sturz gekommen, oder es wäre nicht Gunnar gewesen, der vom Pferd gefallen wäre. Er und sein Bruder hätten die drei Jahre in der Verbannung hinter sich gebracht, wären ehrenvoll und ruhmbedeckt in die Heimat zurückgekehrt, und ihre Feinde wären endgültig zum Schweigen gebracht worden. Weder die Belagerung Hliðarendis, bei der Gunnar umkam, noch der Brand Bergthorshvölls, dem Njál und seine Söhne zum Opfer fielen, hätten stattgefunden, und wir würden heute nicht die Saga von Njál dem Verbrannten lesen.

Gunnar hat Abschied genommen von seiner Mutter, seiner Frau, seinen Söhnen, seinen Freunden. An der Seite seines Bruders reitet er zum Strand; noch einige Augenblicke, und sie werden auf See sein, noch einige Stunden, und Island wird hinter dem Horizont verschwunden sein. Gunnars Seele eilt ihm schon voraus, zu den Orkaden oder nach Norwegen. Welches Schicksal wird ihn dort erwarten? Und dann: ein Zufall, ein Blick, und Gunnar ändert seine Ansicht und sein Schicksal. Seine Entscheidung ist nicht zu rechtfertigen, und er weiß es; aber sie ist unwiderruflich, und er wird zu ihr stehen. Seine Freunde haben ihr möglichstes getan, sie ihm auszureden; nun bleibt ihm nichts anderes übrig, als fortan auf ihre Hilfe zu verzichten, aus Angst, sie in seinen Untergang hineinzuziehen. Und das alles, weil das Land um Hliðarendi am Morgen so schön aussieht.

Die Entscheidungstheorie verlangt, daß bei jeder Entscheidung die Gesamtheit aller möglichen Ereignisse berücksichtigt wird, und versieht diese mit Wahrscheinlichkeiten, die ihre mehr oder weniger große Plausibilität ausdrücken. Die Wahrscheinlichkeit 0 bedeutet, daß das Eintreten des fraglichen Ereignisses als unmöglich gilt und man daher von ihm absehen kann. Ein Ereignis mit der Wahrscheinlichkeit 1 hingegen gilt als sicher, das heißt, man ist sich gewiß, daß es eintreten wird. Die zwischen 0 und 1 liegenden Wahrscheinlichkeiten bezeichnen die verschiedenen Grade der Gewißheit, so wie die Gradeinteilung zwischen 0 und 100 auf dem Thermometer die Temperatur des Wassers mißt.

Es gibt mehrere Möglichkeiten, diese Wahrscheinlichkeiten zu ermitteln. Die natürlichste besteht darin, Fachleute zu befragen. Auf diese Weise werden häufig industrielle Risiken evaluiert, und Ereignissen wie dem »China-Syndrom«, das heißt dem Durchschmelzen eines Atomreaktorkerns, wird mit Sicherheit eine zwar positive, aber minimale Wahrscheinlichkeit zugeschrieben – je nach Verfasser der Studie und Auftraggeber liegt sie zwischen 10^{-10} und 10^{-5}. Auf analoge Weise berechnet man die Wahrscheinlichkeit eines Autounfalls in dem und dem Augenblick oder auf der und der Strecke oder die Wahrscheinlichkeit, daß der Start einer Raumfähre mißlingt.

Der Grundgedanke bei diesen Evaluationen ist, daß ein größeres Ereignis wie ein Autounfall stets nur das offenbar katastrophale Ergebnis des Zusammentreffens geringfügiger Umstände ist, eines Geflechts von kleinen Koinzidenzen, deren jede für sich genommen keine Bedeutung hätte, deren unglückliche Häufung aber Phänomene einer anderen Größenordnung auslöst. Im Atomkraftwerk Three Mile Island ereignete sich vor einigen Jahren ein schwerer Zwischenfall, weil ein Schieber sich nicht geschlossen hatte, während die Kontrollampe in der Schaltzentrale ihn als geschlossen anzeigte. Das Bedienungspersonal des Kraftwerks arbeitete daher mehrere Stunden lang mit einem falschen Bild der Lage, und die Maßnahmen, die man ergriff, verschärften diese Lage noch. Es lag also ein Szenario vor, das, wenn das Unglück es gewollt und ein anderer Schieber sich geöffnet hätte oder eine Leitung durchgebrannt wäre, zu einem noch gravierenderen Störfall, nämlich dem berühmten China-Syndrom, hätte führen können. Die Wahrscheinlichkeit nun, daß ein Schieber sich nicht öffnet, kann ein Ingenieur mit seiner Sachkenntnis evaluieren, ebenso die Wahrscheinlichkeit, daß eine Kontrollampe nicht aufleuchtet, und auf diese Weise ist es möglich, die Gesamtwahrscheinlichkeit eines derartigen Szenarios zu berechnen. Indem man einen erschöpfenden Katalog sämtlicher Szenarien aufstellt, die auf das China-Syndrom hinauslaufen, und die Wahrscheinlichkeit jedes einzelnen Szenarios evaluiert, kann man für das China-Syndrom selbst eine bestimmte Wahrscheinlichkeit feststellen. Diese wird also zu einem Arbeitsinstrument insofern, als sie es erlaubt, das Risiko objektiv zu berechnen. Jede technische Verbesserung, die diese Wahrscheinlichkeit verringert, verringert dieses Risiko; sie muß allerdings nicht in jeder Hinsicht wohltätig sein, sondern kann andere Risiken, etwa das der Luftverschmutzung, erhöhen, die in analoger Weise berechnet werden.

Es mag erstaunen, daß man Ereignissen, die niemals aufgetreten sind und von denen man wünscht, daß sie niemals auftreten werden, auf diese Weise eine Wahrscheinlichkeit zuschreibt. Der Gedanke dabei ist der, daß die fraglichen Ereignisse in unabhängige Mikroelemente zerfallen, die sich gleichzeitig realisieren müssen, so wie für das Öffnen bestimmter Türen drei Personen mit jeweils einem verschiedenen Schlüssel nötig sind. Wenn diese Personen durchschnittlich alle zehn Tage vorbeikommen, und zwar unabhängig voneinander, ist die Wahrscheinlichkeit, daß man die Tür an einem gegebenen Tag öffnen kann, $1/10 \times 1/10 \times 1/10 = 1$ zu 1 000, das heißt, man kann die Tür durchschnittlich einmal in drei Jahren öffnen. Wenn hinter der Tür die vier apokalyptischen Reiter lauern, kann man sagen, daß das Risiko, sie alle drei Jahre die Erde verwüsten zu sehen, zu groß ist. Man wird die Tür also mit acht Schlössern anstatt mit dreien versehen. Dann erbringt dieselbe Berechnung eine Wahrscheinlichkeit von 1 zu 100 Millionen, was bedeutet, daß die Tür sich durchschnittlich einmal in 3 000 Jahrhunderten öffnet. Da die bisherige menschliche Geschichte nicht über fünfzig oder sechzig Jahrhunderte hinausgeht, kann man schätzen, daß man das Weltende auf einen vernünftigen Zeitpunkt verschoben hat.

Letzten Endes fordert aber die Entscheidungstheorie keineswegs, daß man für künftige Wahrscheinlichkeiten objektive Grundlagen hat. Ich kann absolut überzeugt sein, daß morgen früh die Welt untergeht. Dann schreibe ich diesem Ereignis die Wahrscheinlichkeit 1 zu und handele entsprechend. Diese Wahrscheinlichkeit ist subjektiv; sie hat Gültigkeit nicht kraft der Gründe, die ich dafür vorbringe, oder durch die Anzahl der Menschen, die meinen Glauben teilen, sondern durch meine innere Überzeugung. Wenn morgen nichts passiert ist, bin ich gezwungen, diese Wahrscheinlichkeit zu revidieren; aber solange ich warte, ist es diese Wahrscheinlichkeit, die mein Verhalten bestimmt. In der Tat treten bei allen großen runden Jahreszahlen Chiliasten auf, die den unmittelbar bevorstehenden Untergang der Welt predigen und deren Anhänger alle irdischen Güter aufgeben, um sich auf die Wiederkunft des Herrn vorzubereiten. Eine Überzeugung hat darum, weil sie irrational ist, nicht weniger Kraft, und eine Wahrscheinlichkeit kann, auch wenn sie subjektiv ist, doch eine Entscheidung nach sich ziehen.

So kann ich die Wahrscheinlichkeit von Ereignissen abschätzen, über die mir nur sehr spärliche Informationen zur Verfügung stehen. Wer kennt nicht die Stammtischgespräche, bei denen die Urheber ungesühnter Verbrechen entlarvt werden oder man im Vertrauen von der heimlichen Krankheit und dem nahen Tod berühmter Politiker erfährt? Wer solche Gerüchte kolportiert, mißt ihnen ohne Zweifel eine gewisse Bedeutung bei; in diesem Fall müssen sie auf seine Erwartungen und Entscheidungen zurückwirken. Ich kann sogar Ereignissen, über die ich keinerlei Information habe, eine Wahrscheinlichkeit zuschreiben. Wenn ich auf den Ausgang eines Pelotaspiels wetten soll, von dem ich nichts weiß als die Namen der beiden Spieler, werfe ich eine Münze, das heißt, ich schreibe jedem die gleiche Wahrscheinlichkeit zu, daß er gewinnt. Handelt es sich um das Finale eines Tennisturniers, so besteht die Chance, daß die Namen der Spieler mir etwas sagen; in diesem Fall kann ich von dem Gleichgewicht 50% zu 50% abweichen, das ja nur meinen Mangel an Information ausdrückt. Man kann sogar noch einen Schritt weiter gehen und mich fragen, welches Vertrauen ich in meine subjektiven Wahrscheinlichkeiten setze, mich also bitten, die Stärke meiner Überzeugungen zu messen. Wenn ich meiner Sache sicher bin, wenn beispielsweise die Spieler in der Weltrangliste weit auseinander liegen, werde ich mir sagen, daß meine Einschätzung wahrscheinlich exakt ist, und ich kann so weit gehen, diese Wahrscheinlichkeit zu berechnen. Man gelangt also zu komplexen Antworten des Typs: »Ich glaube, daß X 90% Chancen hat, Y zu schlagen, und unter Berücksichtigung der Elemente, über die ich verfüge, bin ich mir meiner Aussage zu 60% sicher.«

Es ist klar, daß die probabilistische Sprache hier zwei verschiedene Situationen ausdrückt und daß sie mit ihrer Präzision besser zum Tennis als zur Pelota paßt. Wenn ich sage, daß X 90% Chancen hat, Y zu schlagen, beziehe ich mich auf ein mathematisches Modell, in dem die Zufälle, von denen der Ausgang eines Tennismatchs abhängt, identifiziert und gewichtet werden; die Zahl 0,9 erscheint dann als Ergebnis einer vielleicht summarischen, immer aber notwendigen Berechnung. In einer Idealsituation, in der ich mich des Vertrauens von X und von Y erfreute und über alle zur Einschätzung notwendigen Elemente verfügte, würde ich sicher zu einer hinreichend exakten Evaluation der beiderseitigen Chancen gelangen. Wenn ich andererseits weder X noch Y kenne und noch nie von ihnen gehört habe, verfüge ich über keinerlei Information, die es mir erlauben würde, mich im einen oder im anderen Sinne zu entscheiden. In Anlehnung an zahlreiche Psychologen, die über diese Frage gearbeitet haben, werde ich in diesem Fall von einer Situation der »Verkennung« oder der »Unkenntnis« sprechen; die vorherige Situation, in der man über ein exaktes probabilistisches Modell verfügt, wird als »aleatorisch« bezeichnet – von dem lateinischen Wort *alea*, das »Würfel« bedeutet.

In der Praxis befindet man sich meist in einer mittleren Situation zwischen diesen beiden Extremen. Man spricht dann von Situationen der »Ungewißheit«; dies drückte der Prognostiker aus, als er sagte, er sei sich seiner Aussage zu 60% sicher. Er plazierte sich auf einer kontinuierlichen Skala, die vom Zufall bis zur Unkenntnis reicht, näher bei jenem als bei dieser an. Man kann den Übergang vom Aleatorischen zur Unkenntnis auch in Form von Lotterien darstellen. Es werden zwei Begegnungen organisiert, die eine zwischen zwei Spielern, die ich ganz genau kenne (rein aleatorische Situation: ich bin mir meines Modells hundertprozentig sicher), die andere zwischen zwei Spielern, von denen ich nichts weiß (Situation der völligen Unkenntnis; keinerlei Vertrauen in mein Modell). Dann wird ausgelost, welche Begegnung wirklich stattfinden soll. Ich befinde mich nun in einer Situation der Ungewißheit, und deren Grad hängt von den gewählten Wahrscheinlichkeiten ab. Wenn das erste Match die Chance hat, in sechs von zehn Fällen gezogen zu werden, sage ich, daß ich mir meines Modells zu 60% sicher bin oder daß mein Vertrauensniveau 60% beträgt.

So ist es möglich, kontinuierlich vom rein Aleatorischen zur völligen Unkenntnis überzugehen, und zwar durch sämtliche Ungewißheitsgrade, und diese durch Wahrscheinlichkeiten zu berechnen. Die Entscheidungsfindung angesichts einer ungewissen Zukunft kann damit – wenigstens prinzipiell – vollständig auf den Wahrscheinlichkeitskalkül reduziert werden. Das (ins Groteske verzerrte) Musterbeispiel hierfür ist die Pascalsche Wette, jedenfalls in der Form, wie sie von den Verfassern von Philosophiebüchern verstanden worden ist. Die Wahrscheinlichkeit, daß Gott existiert, ist gewiß gering (vielleicht 10^{-10}), aber die Vorteile, die wir von seiner Existenz hätten, sind derartig groß (die ewige Glückseligkeit, sagen wir $10^{1\,000}$ in einer noch zu präzisierenden Einheit), daß der zu erwartende Gewinn ($10^{-10} \times 10^{1\,000} = 10^{100}$, eine immer noch respektable Zahl) uns bewegen müßte, so zu handeln, als ob Gott existierte. Die andere Version der Wette, ausgehend von einer viel größeren Wahrscheinlichkeit für die Existenz Gottes ($1-10^{-10}$ – sagen wir 1, um die Dezimalstellen nicht zu zählen), aber von einem viel geringeren Ertrag (bestenfalls 100 Jahre Glückseligkeit, also 10^2 in derselben Einheit wie oben), führt zu einem erhofften Gewinn von $1 \times 10^2 = 10^2$, also sehr viel weniger als beim erstenmal. Aus Gründen der Gerechtigkeit wollen wir hinzufügen, daß diese Interpretation seiner Wette höchstwahrscheinlich nicht in Pascals Sinn war.[2]

Leider sind die Dinge nicht so einfach, weil der Mensch ständig Abneigung gegen das Risiko bekundet. In der eben beschriebenen Situation ist der potentielle Gewinn gewiß enorm, aber die Wahrscheinlichkeit eines Erfolges ist so gering, daß die Wette letzten Endes nicht besonders interessant erscheint, zumal wenn man die Bedeutung der anfänglichen Investition berücksichtigt (wahrscheinlich ein ganzes Leben der Entsagung und der Askese). Man wird gerne einen Franc für eine Chance 100 : 1 verwetten, aber man wird zögern, zu denselben Bedingungen eine Million Franc zu verwetten. Diese Abneigung gegen das Risiko ist Nationalökonomen und Finanzleuten wohlbekannt, und die deutsche Volksweisheit hat daraus sogar ein Sprichwort gemacht: Besser der Spatz in der Hand als die Taube auf dem Dach. Aus diesem Grund müssen als riskant geltende Investitionen – eine wertlose Schuldverschreibung oder Aktien eines High-Tech-Konzerns – eine viel höhere Rendite abwerfen als Investitionen, die als sicher oder weniger riskant gelten, wenn sie sich auf den Finanzmärkten behaupten sollen. Von der erwarteten Rendite wird eine »Risikoprämie« abgezogen, die um so höher ist, je höher das fragliche Risiko erscheint.

Zu dieser Abneigung gegen das Risiko kommt aber noch die Abneigung gegen die Ungewißheit hinzu, die von anderer Art und viel schwerer zu enträtseln ist. Wenn zwei gleich starke Gegner einander gegenüberstehen und wenn ich weiß, daß sie gleich stark sind, werde ich jedem der beiden eine fünfzigprozentige Gewinnchance zuschreiben. Beim Wettkampf zwischen zwei Unbekannten werde ich ebenfalls auf die Gleichheit ihrer Chancen schließen, aber ich bin doch in einer viel unbequemeren Lage. In der Tat führt, wie ein berühmtes psychologisches Experiment gezeigt hat, das auf Ellsberg zurückgeht[3], die Anwendung eines probabilistischen Formalismus auf Situationen der Ungewißheit zu Paradoxien.

Das Experiment von Ellsberg geht folgendermaßen: Man präsentiert den Versuchspersonen zwei Urnen mit jeweils 100 Kugeln. Dazu gibt man bekannt, daß die erste Urne genau 50 rote Kugeln und 50 schwarze Kugeln enthält; über die zweite Urne sagt man lediglich, daß sie nur schwarze Kugeln und/oder rote Kugeln enthält, ohne das Verhältnis zu präzisieren.

Dann läßt man Wetten über die erste Urne abschließen. Die Versuchspersonen wählen eine Farbe und ziehen dann eine Kugel. Diejenigen, die richtig geraten haben, bekommen 100 $, die anderen nichts. Das Experiment zeigt, daß die meisten Menschen gleichmäßig auf Rot und auf Schwarz setzen, das heißt, ihre subjektiven Wahrscheinlichkeiten sind 0,5 und 0,5.

Jetzt folgen Wetten auf die zweite Urne. Die Bedingungen der Wette sind dieselben, nur daß die Versuchspersonen diesmal keinerlei

Hinweis auf den Inhalt der Urne haben – bis auf die Tatsache, daß die gezogene Kugel entweder rot oder schwarz ist. Es handelt sich also um eine Situation der Ungewißheit, im Gegensatz zur vorangegangenen, die eine aleatorische Situation war. Nach der Theorie setzen die meisten Menschen gleichmäßig auf Rot oder auf Schwarz, das heißt, daß sie diesen Farben wiederum die subjektiven Wahrscheinlichkeiten 0,5 und 0,5 zuschreiben.

Jetzt kommt das Paradox. Es wird eine dritte Wettrunde gestartet: Die Versuchsperson gewinnt 100 $ bei einer roten Kugel und geht bei einer schwarzen Kugel leer aus, aber sie darf sagen, aus welcher Urne die Kugel gezogen werden soll. Da die subjektiven Wahrscheinlichkeiten für beide Urnen gleich sind und die Versuchspersonen also damit rechnen, daß sie im einen wie im anderen Fall einmal von zwei Malen gewinnen, würde die Theorie fordern, daß die Versuchspersonen sich gleichmäßig für die eine oder die andere Urne entscheiden. Dem ist aber nicht so: die meisten Menschen bekunden eine ausgeprägte Vorliebe für die erste Urne (bei der das Verhältnis der Kugeln bekannt ist). Diese Vorliebe ist noch ausgeprägter, wenn es darum geht, 100 $ zu verlieren anstatt zu gewinnen – allerdings findet man für dieses Experiment weniger Freiwillige. Es sieht also so aus, als ob die Unwissenheit ein zusätzlicher Risikofaktor wäre, den die subjektiven Wahrscheinlichkeiten nicht zu erfassen vermögen.

Aus dieser ganzen Analyse ergeben sich zwei Fragen: Was ist Risiko, und wie kann man es beherrschen? Wir unterscheiden ein aleatorisches Risiko, das sich ganz natürlich aus den üblichen Methoden des Wahrscheinlichkeitskalküls ergibt, und ein Risiko aus Unkenntnis, das auf einem Mangel an Information über das beruht, was geschehen kann. Diese Unterscheidung würde zwar einer genaueren Analyse nicht standhalten (was ist Zufall anderes als ein Ausdruck für unsere Unwissenheit?), hat aber große praktische Bedeutung. Die Erfahrung zeigt, daß der Mensch viel eher das aleatorische Risiko als das Risiko aus Unwissenheit akzeptiert, selbst wenn in den meisten konkreten Situationen beide gemeinsam auftreten. Die Volksweisheit sagt: »Lieber den Teufel, den man kennt, als den, den man nicht kennt«, und der

Dichter sagt uns dasselbe aus dem Munde des Prinzen von Dänemark:

> Denn wer ertrüg' der Zeiten Spott und Geißel,
> Des Mächt'gen Druck, des Stolzen Mißhandlungen,
> Verschmähter Liebe Pein, des Rechtes Aufschub,
> Den Übermut der Ämter und die Schmach,
> Die Unwert schweigendem Verdienst erweist,
> Wenn er sich selbst in Ruhstand setzen könnte
> Mit einer Nadel bloß? Wer trüge diese Lasten,
> Und stöhnt' und schwitzte unter Lebensmüh'?
> Nur daß die Furcht vor etwas nach dem Tod –
> Das unentdeckte Land, von des Bezirk
> Kein Wandrer wiederkehrt – den Willen irrt,
> Daß wir die Übel, die wir haben, lieber
> Ertragen als zu unbekannten fliehn.[4]

Und in der Tat: wenn einzelne Menschen und ganze Völker Tag für Tag mitunter beachtliche Risiken eingehen, sofern diese erfahrungsgemäß begrenzt sind, so sieht man sie viel hilfloser, sobald es darum geht, sich dem Unbekannten zu stellen. Das menschliche Leben besteht aus eingegangenen Risiken. Der Urmensch, der vom Sammeln oder vom Jagen lebt, weiß nicht, ob er morgen etwas zu essen finden wird. Der Bauer, der heute sät, weiß nicht, ob in sechs Monaten oder in einem Jahr die Ernte seine Mühen belohnen wird. Der Händler, der sein Lager auffüllt, weiß nicht, ob er die Ware absetzen wird. Jedes dieser Risiken fügt sich in ein erprobtes, von Generation zu Generation übertragenes Modell ein, das die Grenzen des Möglichen absteckt und gewisse Wahrscheinlichkeiten bestimmt. Der Bauer kennt aus Erfahrung oder vom Hörensagen die diversen Unglücksfälle, die seine Ernte heimsuchen können: Frost, Dürre, Überschwemmung, Feuer, Heuschrecken, Krankheiten. Er kann sich sogar ausmalen, daß es noch schlimmer kommen kann, wie bei den zehn ägyptischen Plagen, selbst wenn diese sich seit Menschengedenken nicht mehr wiederholt haben. Aber er weiß, daß der Himmel nicht einstürzen wird. Er weiß auch, daß all diese Unglücksfälle nur eine geringe Wahrscheinlichkeit haben, die man durch gewisse Vorsichtsmaßregeln und das Beobachten gewisser Rituale weiter reduzieren kann; davon zeugt die simple Tatsache, daß er hier steht, um nach soundso vielen Generationen immer noch denselben Boden zu bebauen. Er hat also eine vernünftige Überlebenschance, so wie seine Vorväter sie gehabt haben, und wenn dieses Jahr ein schlechtes zu werden droht, so muß das nächste um so besser werden.

Und nun stelle man sich das Eindringen der Konquistadoren ins Inkareich vor! Die indianische Gesellschaft war gewohnt, eine Reihe von Risiken einzugehen. Es war eine bäuerliche Gesellschaft, der die Risiken der Landwirtschaft vertraut waren; aber es war auch ein Imperium, das auf Eroberungen aufgebaut war, so daß ihm die militärischen Risiken nicht fremd waren. Anscheinend war diese Gesellschaft dem neuartigen Risiko dieser barttragenden, geharnischten Wesen nicht gewachsen, die auf unbekannten Tieren ritten, fremdartige Donnerlanzen schwangen und auf eine Weise kämpften, die den normalen Gesetzen der Menschlichkeit hohnsprach. Die Gründe für diesen völligen Zusammenbruch der Inkas sind mit Atahualpa und den Millionen seiner Untertanen verschwunden, aber es scheint plausibel, daß sie mit der psychologischen Unfähigkeit der Inkas zusammenhingen, gewisse Risiken einzugehen: lieber sich unterwerfen, als gegen einen Feind kämpfen, dessen Stärke man nicht ermessen kann.

Wir denken im allgemeinen nicht, daß ein Bauer oder ein Händler, der tagtäglich gewisse Arten von Risiko eingeht, besonderen Mut braucht. Dagegen ist die Persönlichkeit des Entdeckers der Archetyp des Mutes. Warum? Weil er in jene *terra incognita* eindringt, in jene weißen Flecken auf der Landkarte, deren Anblick uns dermaßen unheimlich ist, daß die Kartographen sie lieber mit Vignetten schmücken oder mit einer Inschrift wie *Hic sunt leones* versehen. Eine solche Information, mag sie auch reine Phantasie sein und als solche durchschaut werden, ist immer noch beruhigender als überhaupt keine Information. Und trotzdem kann dieses Weiße auf der Karte Eldorado sein, wo noch im kleinsten Fluß Goldkörner treiben, oder das mythische Land, das der Herr seinem Volk verheißen hat, das Land, wo Milch und Honig fließen. Der Entdecker fährt vielleicht seinem Glück entgegen; warum erwarten wir immer nur das Schlimmste, wenn nicht aus Furcht vor dem Unbekannten?

So zeichnen sich zwei Zonen des Risikos ab: der Bereich des Aleatorischen, in dem der Wahrscheinlichkeitskalkül herrscht, und der Bereich des Unbekannten, in dem nur das Gesetz der Vorsicht gilt. Dies würde ohne Zweifel ausreichen, um ein zusammenhängendes Bild von den menschlichen Entscheidungen zu geben, wäre die Grenze zwischen beiden Bereichen nicht fließend und würde der Wahrscheinlichkeitskalkül nicht nach und nach zu einem Universalinstrument aufgewertet. So kommt es, daß bei der Evaluation der mit Atomkraftwerken verbundenen Risiken die Politiker und Techniker, gestützt auf probabilistische Modelle, gegen die öffentliche Meinung stehen, die die Tendenz hat, viel vorsichtiger zu sein. Handelt es sich dabei einfach um einen Mangel an Information oder an Kompetenz auf seiten der Öffentlichkeit, oder geht es um die Gültigkeit probabilistischer Modelle? Die Tragweite dieses Problems rechtfertigt gewiß, ihm einige Seiten zu widmen.

Als erstes ist festzustellen, daß die offiziellen Schätzungen über die Wahrscheinlichkeit eines Störfalls sich bei ihrer Veröffentlichung nur allzuoft in offenem Widerspruch zu den beobachteten Häufigkeiten befinden. Das berühmteste Beispiel ist die NASA, die 1985 die Wahrscheinlichkeit eines Shuttle-Unfalls auf 1 zu 100 000 schätzte[5], während frühere Untersuchungen auf eine Wahrscheinlichkeit von 1 zu 100 geschlossen hatten und die Trägerrakete bereits beim fünfundzwanzigsten Abschuß explodierte. Ich kenne zwar die offiziellen Evaluationen nicht, falls sie denn überhaupt veröffentlicht worden sind, aber ich bezweifle, daß die Wahrscheinlichkeit eines Störfalls in Three Mile Island oder in Tschernobyl auf ihren realen Wert geschätzt worden ist. Erinnern wir uns auch daran, daß die *Titanic* nicht sinken konnte; die Wahrscheinlichkeit, daß sie sank, war nicht etwa nur minimal, sondern schlechterdings gleich Null.

Es besteht immer der Verdacht, daß zwielichtige Politiker oder fanatische Ingenieure die Zahlen fälschen, um ihr Projekt durchzusetzen; aber selbst in Fällen, in denen keine materiellen Interessen im Spiel sind, kann sich herausstellen, daß die von kompetenten und gutwilligen Personen berechneten Wahrscheinlichkeiten eines Zwischenfalls systematisch unterevaluiert sind. In einem neueren Aufsatz[6] werden 27 Messungen der Lichtgeschwindigkeit untersucht, die zwischen 1875 und 1958 publiziert worden sind. Zu jeder dieser Messungen gab, wie das so üblich ist, der Experimentator eine Einschätzung seiner Fehlerquote: Man gibt eine Standardabweichung an, die es für jede Größe erlaubt, die Wahrscheinlichkeit zu berechnen, daß der gemessene Wert vom exakten Wert um mehr als ε abweicht. Wenn man die Berechnungen durchführt, indem man für ε die Abweichung zwischen dem gemessenen Wert und dem Wert 1984 nimmt, welcher als dermaßen exakt gilt, daß er heute als Normalmaß der Länge dient, findet man in allen Fällen Wahrscheinlichkeiten, die kleiner als 0,5% sind. Mit anderen Worten: Wenn man die Evaluationen der verschiedenen Experimentatoren akzeptiert, muß man zu dem Schluß kommen, daß die Ereignisse sich buchstäblich gegen sie verschworen haben, um ihre Resultate zu verfälschen: Sie hätten dann siebenundzwanzigmal hintereinander ein Ereignis gezogen, das unter tausend Malen kaum fünfmal eintritt.

Die zweite Feststellung lautet: »unverhofft kommt oft«, und Fehler sind sehr häufig menschlich. 1987 entdeckten zwei Altmetallhändler in einer stillgelegten Klinik der brasilianischen Stadt Goiânia eine Kapsel mit rund hundert Gramm eines phosphoreszierenden Pulvers. Es handelte sich um radioaktives Cäsium 137, dessen Freisetzung eine völlig unvorbereitete Bevölkerung traf. Als die Ausbreitung des Cäsiums im Dezember 1987 endlich gestoppt werden konnte, hatte man 121 Fälle von Kontamination registriert, von denen vier tödlich endeten, und mehr als 100 000 Einwohner der Stadt hatten sich auf radioaktive Verseuchung untersuchen lassen. Auf den ausländischen Märkten hatte die Furcht vor radioaktiver Verseuchung den Gesamtwert der landwirtschaftlichen Produktion des Bundesstaates Goiás um die Hälfte schrumpfen lassen, und die Industrieproduktion war in ähnlicher Weise betroffen. Kurzum, ein Risiko, dessen sich niemand bewußt gewesen war, hatte einen erheblichen menschlichen und wirtschaftlichen Preis gefordert. Und man kann sich, ausgehend von der Entdeckung der Kapsel, noch katastrophalere Szenarien ausmalen. Was wäre passiert, wenn das Cäsium irgendwelchen Erpressern in die Hände gefallen wäre und Brasilien sich der Gefahr einer organisierten Verseuchung ausgesetzt gesehen hätte?

Die Erfahrung lehrt, daß sich im Nuklearbereich das Risiko weithin der Messung entzieht. In Three Mile Island wie in Tschernobyl war es ein unvorhergesehenes Szenario, das zum Unfall führte – einschließlich der unfreiwilligen Mitwirkung des Bedienungspersonals. Man kann von menschlichem Versagen sprechen, aber das heißt nur, die Verantwortung der Kraftwerkskonstrukteure auf das Bedienungspersonal abzuwälzen. Menschliches Versagen muß in die Sicherheitsmechanismen und Zuverlässigkeitsberechnungen eines Atomkraftwerks genauso selbstverständlich einbezogen werden wie technisches Versagen. So gesehen ist ein Störfall aufgrund eines Fehlers des Betriebspersonals sogar gravierender als ein Störfall aufgrund einer technischen Panne; denn wenn schon ein Irrtum oder eine Nachlässigkeit so viel Schaden anrichten können, was kann dann erst kriminelle Energie bewirken? Man könnte auf den Gedanken kommen, diese Risiken dadurch auszuschalten, daß man vollautomatische Atomkraftwerke plant. Aber der »Risikofaktor Mensch« beschränkt sich nicht auf das Bedienungspersonal – bei weitem nicht. Schließlich können auch die Ingenieure irren, die Experten können lügen, das Wachpersonal kann schlafen. Der Entscheidungsträger – und die Öffentlichkeit – sind es sich schuldig, sämtliche Risiken in Betracht zu ziehen, und sie sind besser als die Techniker dazu imstande, sie einzuschätzen.

Man muß klar sehen, daß ein einziges vernachlässigtes oder verkanntes Risiko sämtliche Zuverlässigkeitsberechnungen für die restlichen Risiken über den Haufen werfen kann. Außerdem lauert das Böse immer und überall, will sagen: Die Faktoren, die das Risiko vergrößern, überwiegen bei weitem die Faktoren, die es tendenziell verringern würden. Denken wir uns zum Beispiel ein Atomkraftwerk, in dem die Wahrscheinlichkeit eines Störfalls auf 1/1 000 000, eins zu einer Million, geschätzt wird. Denken wir uns weiter, daß zwei Risikofaktoren übersehen worden sind, von denen der eine das Risiko um das Tausendfache erhöht, während der andere es in demselben Maße verringert, so daß das Atomkraftwerk während 10% der Zeit faktisch mit einer Störfallwahrscheinlichkeit von 1/1 000 arbeitet, während 10% der Zeit mit einer Störfallwahrscheinlichkeit von 1/1 000 000 000 und in den übrigen 80% der Zeit mit der eingangs geschätzten Störfallwahrscheinlichkeit, nämlich 1/1 000 000. Eine einfache Berechnung zeigt dann, daß die wahre Störfallwahrscheinlichkeit die Größenordnung 1/10 000 (eins zu zehntausend) hat. Sie ist praktisch unempfindlich gegen alles, was man zur Verringerung der übrigen Risiken unternehmen kann. Angenommen, es kann zum Beispiel durch Verschärfen und striktes Befolgen der Sicherheitsnormen die Störfallwahrscheinlichkeit in 90% der Zeit auf 1/1 000 000 000 herabgesenkt werden (Reduzierung um den Faktor 1 000); wenn diese Maßnahmen dann nur in jenen 90% der Zeit greifen, in denen der übersehene Risikofaktor nicht wirkt, bleibt die reale Störfallwahrscheinlichkeit immer noch bei etwa 1/10 000.

Zu diesen wenig ermutigenden Überlegungen muß man noch eine weitere hinzufügen: Niemals in der Menschheitsgeschichte sind Entscheidungen getroffen worden, die die Zukunft auf so lange Zeit hinaus verpflichten. Die Atomindustrie produziert Abfälle, die noch mindestens zehntausend Jahre lang extrem gefährlich bleiben. Jene Abfälle, die nicht verlorengehen (was vorkommt) oder wiederaufbereitet werden, werden in speziellen Deponien, in aufgelassenen Bergwerken oder in Granithöhlen gelagert, wo sie im Prinzip unter ständiger Kontrolle sind. Aber zehntausend Jahre – das ist zweimal das Zeitalter der Schrift, zweimal die Dauer der überlieferten Menschheitsgeschichte. Stellen wir uns vor, unsere fernsten Vorväter hätten in grauer Vorzeit, lange vor den ersten ägyptischen oder chinesischen Dynastien, lange vor dem Auftreten der modernen Religionen, uns Grabstätten hinterlassen und zugleich verboten, sie zu öffnen oder ihnen nahe zu kommen. Hätte die Grabwache während dieses langen Zeitraums der Kaiser, Kriege und Katastrophen ihre Aufgabe treu erfüllt? Wäre das Verbot weitergegeben, die Erinnerung bewahrt worden? Oder hätte irgendein Eroberer sie öffnen lassen, um der Legende zu trotzen?

Natürlich wiegen wir uns in der Hoffnung, daß die atomaren Abfälle nicht wirklich zehntausend Jahre gelagert bleiben, sondern daß künftige Generationen schon viel früher ein Mittel gegen Krebs, einen Impfstoff gegen Aids, das Geheimnis der ewigen Jugend und eine Methode zur Beseitigung unseres Drecks gefunden haben werden: Sie werden ihn in umweltfreundlichen Fabriken wiederaufbereiten oder ihn in den Weltraum verfrachten – an Bord von Maschinen, die unterwegs nicht explodieren. Dieselben Maschinen werden ohne Zweifel auch bestens geeignet sein, das Ozonloch zu schließen, und man ist schon gespannt zu sehen, wie unsere Nachkommen den Kohlendioxidgehalt der Erdatmosphäre verringern werden.

In Wirklichkeit schreitet unsere industrielle Zivilisation munter voran, ohne die dabei eingegangenen Risiken zu messen oder in globalem Maßstab zu bedenken. Man kann gewiß Vorbehalte gegen die Kernenergie anmelden, aber das Verheizen fossiler Brennstoffe ist auch nicht besser, und sogar Wasserkraftwerke haben ihre Nachteile. Auf der Tagesordnung steht das Problem der Energiequellen des Planeten – neben vielen anderen Problemen, die nicht genügend Aufmerksamkeit finden. Wo wird die Aids-Epidemie enden? Schon ist in manchen afrikanischen Ländern ein Drittel der Bevölkerung infiziert; haben wir das in allen seinen Konsequenzen zu Ende gedacht? Ganze Völkerschaften sind aus ihrer Heimat verjagt worden und leben seit vierzig Jahren in Flüchtlingslagern; überläßt man eine derartige Situation generationenlang sich selbst, schafft man vorsätzlich gewaltige historische Risiken. Wer hat diese Risiken gemessen? Wer zieht sie auch nur in Betracht?

Betäubt bewegen wir uns zwischen den Risiken, die wir selbst geschaffen haben. Von Zeit zu Zeit stört uns ein Unglücksfall aus unserer Lethargie auf, und wir werfen einen Blick in den Abgrund. Ein Unglück in Tschernobyl, und wir trinken keine Milch mehr; der Tod eines Schauspielers, und die Politiker tragen Handschuhe; ein Volksaufstand, und wir machen woanders Urlaub. Auch Gunnar von Hliðarendi fand durch das bloße Straucheln eines Pferdes zu sich selbst; aber seine Tat war von anderer Größe.

Das Eingehen eines Risikos ist keineswegs immer das Ergebnis einer Berechnung. Für den ökonomischen Bereich hat schon Keynes[6] bemerkt:

Wenn die menschliche Natur nicht versucht wäre, etwas zu wagen, keine Befriedigung (abgesehen vom Gewinn) in der Erstellung einer Fabrik, einer Eisenbahn, eines Bergwerkes oder eines Bauerngutes fände, würde als bloßes Ergebnis kalter Berechnung vielleicht wenig Investition übrig bleiben.

Etwas weiter oben heißt es:

In früheren Zeiten, als die Unternehmungen hauptsächlich im Besitze jener waren, die sie durchführten, oder ihrer Freunde und Teilhaber, stützte sich die Investition auf ein genügendes Angebot von Einzelnen von sanguinischer Veranlagung und schöpferischen Eingebungen, die sich das Geschäft zur Lebensaufgabe machten, ohne wirklich auf eine genaue Berechnung des voraussichtlichen Gewinnes zu vertrauen.

Warum sind die Athener in Marathon wie in Salamis das Risiko eingegangen, allein einem Feind von unbekannter Stärke zu trotzen, vor dem schon so viele andere griechische Städte kapituliert hatten, während die Lakedämonier sich im Peloponnes verschanzten? Man höre nur, mit welchem Stolz die athenischen Botschafter ein halbes Jahrhundert später gegenüber den Lakedämoniern in Sparta auftreten: »Wir haben, so behaupten wir, in Marathon den Vorkampf gegen den Barbaren allein ausgefochten, und als er später wiederkam und wir uns zu Lande zu schwach sahen, ihn abzuwehren, haben wir die Schiffe bestiegen und mit dem gesamten Aufgebot die Seeschlacht von Salamis mitgeschlagen.«[8] Die Athener waren das Risiko eingegangen, sogar zweimal. Wäre das Unternehmen gescheitert, so hätte man nie mehr etwas von ihnen gehört. Aber es gelang, und man spricht noch heute, zweitausendfünfhundert Jahre später, von den Athenern. Aischylos, der Verfasser so vieler Meisterwerke, wollte auf seinem Grabstein keinen anderen Ruhmestitel verewigt sehen als die Tatsache, daß er bei Marathon mitgekämpft hatte:

Aischylos, des Euphorion Sohn, den Athener, birgt dieses
  Grabmal, der in der kornreichen Stadt Gela verstarb.

Kampfmut bezeuget ihm wohl des berühmten Marathons Schlachtfeld,
Tief herab wallenden Haars Perser auch, die ihn erprobt.

Dies sind Fälle, in denen das Verhalten nicht von Nützlichkeitsberechnungen diktiert erscheint, sondern von moralischen Imperativen, die, einmal akzeptiert, dem Handelnden kaum eine Wahl lassen. Bei dem Soldaten, der sich in einen aussichtslosen Kampf stürzt, mögen das sein Ehrgefühl oder die Solidarität mit seinen Waffengefährten sein. Bei dem von der protestantischen Ethik beseelten Kapitalisten wird es das Gefühl sein, daß Geld Frucht tragen muß, so wie im Gleichnis von den vergrabenen Talenten. Von dem Moment an, wo das Gewissen sich auf eine einzige Regel der Entscheidungsfindung beschränkt, ohne Alternativen in Erwägung zu ziehen, verschwindet sogar die Vorstellung eines Risikos und weicht dem Begriff »Schicksal«. Als Gunnar vom Pferd fällt und sich zum Bleiben entschließt, wägt er nicht das Für und Wider ab, sondern nimmt sein Schicksal auf sich. Er wird nie mehr die Meere befahren, durch die Intrigen seiner Feinde in die Verbannung getrieben, und sei es auch nur, um drei Jahre später zurückzukehren. Er wird in der Heimat sterben, die Waffe in der Hand, und seine einzige Sorge wird fortan sein, seine Freunde nicht in seinen Sturz hineinzuziehen.

Jedes Entscheidungsproblem hat eine moralische Dimension, und je gravierender die Entscheidung ist, desto wichtiger ist diese Dimension. Wie heißt es bei Albert Camus: »Man wählt nicht zufällig die eigene Schande.«

6
Statistik

Da redete Pharao zu Joseph: In meinem Traume, siehe! da stand ich am Ufer des Stromes. Und siehe! aus dem Strome kamen hervor sieben Kühe, fett am Fleische, und schön von Aussehen; sie weideten im Ufergrase. Und siehe! sieben andere Kühe kamen hervor nach jenen, sehr mager und häßlich von Aussehen, und dürr am Fleische; ich habe keine gesehen, wie diese, so häßlich im ganzen Lande Aegypten. Und die dürren, häßlichen Kühe fraßen die sieben ersten fetten Kühe. Obwohl sie in ihren Bauch kamen, so merkte man doch nicht, daß sie in ihren Bauch gekommen waren; und ihr Aussehen war so häßlich, wie zu Anfang. Da erwachte ich. Dann sah ich in meinem Traume; und siehe! sieben Aehren wuchsen empor auf Einem Halme, voll und schön. Und siehe! sieben dürre, magere, vom Ostwinde verbrannte Aehren keimten empor nach ihnen. Und die mageren Aehren verzehrten die sieben schönen Aehren. Ich sagte dies den Geheimkünstlern; aber Keiner war, der mir deutete.

Da sprach Joseph zu Pharao: Der Traum Pharaos ist ein und der nämliche; was Gott thun will, macht er dem Pharao kund. Die sieben schönen Kühe sind sieben solche Jahre; und die sieben schönen Aehren sind sieben solche Jahre. Der Traum ist ein und der nämliche. Und die sieben dürren und häßlichen Kühe, die nach jenen herauf stiegen, sind sieben solche Jahre; und die sieben dürren, vom Ostwinde verbrannten Aehren sind sieben Jahre des Hungers. Dies ist die Sache, die ich zu Pharao gesagt habe: Was Gott thun will, läßt er Pharao sehen. Siehe! es werden sieben Jahre kommen, da wird großer Überfluß sein im ganzen Lande Aegypten. Und nach diesen werden sieben Jahre des Hungers kommen, da wird vergessen sein aller Ueberfluß im Lande Aegypten; denn der Hunger wird das ganze Land aufreiben. Und man wird nichts spüren von dem Ueberflusse im Lande bei diesem Hunger nachher; denn sehr schwer wird es sein. Und daß der Traum Pharaos zweimal sich wiederholte, das ist die festbeschlossene Sache von Gott, daß Gott es eiligst thun will.

Und nun sehe Pharao sich um nach einem verständigen und weisen Manne; und setze ihn über das Land Aegypten. Pharao mache, daß er Beamte anstelle über das Land, und den Fünften nehme vom Lande Aegypten in den sieben Jahren des Ueberflusses. Die sollen alle Speise der guten Jahre sammeln, die kommen werden; und sollen Getreide aufschütten unter der Hand Pharaos, Speise in den Städten, und sollen sie hinterlegen. Diese Speisen werden hinterlegt für das Land, für die sieben Jahre des Hungers, die im Lande Aegypten sein werden, damit nicht das Land zu Grunde gehe durch den Hunger.[1]

Der skandinavische Boden war karg, und seine Kinder lernten bald, sich dem Meer zuzuwenden, das reicher an Schätzen und an Verheißungen war. Fischzüge und Piraterie, Eroberungs- und Entdekkungsfahrten: so sah die Welt der Wikinger aus. Als Häuptling wurde anerkannt, wer seine Mannen zum Sieg führte. Die Macht des Königs war vor allem eine militärische; sein Reichtum speiste sich aus Tributleistungen und Plünderungen. Als schlechte Jahreszeit galt in erster Linie jene, in der keine Schiffahrt möglich war.

Auf dem fetten Boden Ägyptens und vielleicht Mesopotamiens sind – zweitausend Jahre, bevor die Nordmänner in die Geschichte eintraten – die ältesten Mythen der Landwirtschaft entstanden, aber auch jene Verwaltungsmethoden, die unsere Regierungen noch heute anwenden. Natürlich hat auch Skandinavien seine Hungersnöte erlebt. Snorri Sturluson berichtet, wie Dómaldi, einer jener mythischen Könige, welche die ersten Nachfahren Odins waren, nach drei aufeinanderfolgenden Jahren der Mißernte geopfert wurde:

Dómaldi trat nach dem Tode seines Vaters, Vísburr, die Erbschaft an und regierte das Land. Zu seiner Zeit herrschten in Schweden Hungersnot und Teuerung. Da veranstalteten die Schweden ein großes Opfer in Uppsala. Im ersten Herbst opferten sie Ochsen, aber die Ernte wurde nicht besser. Im zweiten Herbst brachten sie Menschenopfer, aber die Ernte blieb schlecht oder wurde noch schlechter. Im dritten

Herbst kamen besonders viele Schweden nach Uppsala, wo das Opfer stattfinden sollte. Da hielten ihre Anführer Rat und waren einmütig der Ansicht, an der Hungersnot trage ihr König Dómaldi die Schuld und man müsse ihn opfern, um wieder gute Ernten zu bekommen. Man solle ihn ergreifen und töten und den Altar mit seinem Blut besprengen. Und so geschah es.[2]

Die Verantwortung des Königs ist hier magischer oder zeremonieller Art. Wir befinden uns in jener Umbruchzeit, in der die Erinnerung an Odin noch lebendig war, zugleich aber die Geschichte begann, sich nach und nach vom Mythos zu lösen. Die Ernte war das sichtbare Resultat eines komplexen Wechselspiels zwischen der menschlichen Gesellschaft und den übernatürlichen Mächten, die die Fruchtbarkeit des Bodens kontrollierten; dem König fiel in diesem Wechselspiel eine wichtige Rolle zu. Vielleicht war er ein Opfer des *seiðr* geworden, vielleicht hatte seine Schwiegermutter ihn verflucht. Vielleicht auch mußte er dafür büßen, daß er sich des *seiðr* gegen seinen Vater, König Vísburr, bedient und ihn in seinem Haus überrascht hatte, wo Vísburr in den Flammen umkam. Tatsache ist jedenfalls, daß das Opfer die erwarteten Früchte trug; denn nach Dómaldi regierte sein Sohn Dómar, und Snorri berichtet über ihn, er habe lange gelebt, und während der ganzen Zeit seiner Herrschaft habe im Land Überfluß und Ruhe geherrscht.

Die Geschichte mit Joseph konfrontiert uns mit einer anderen Art von Verantwortung: einer bürokratischen und weltlichen. Pharao möchte wissen, was in vierzehn Jahren geschehen wird; er will den angekündigten Übeln vorbeugen, und er verfügt über die materiellen Mittel dazu. Er wird den »Fünften« erheben, das heißt eine Sonderabgabe von 20% auf alle landwirtschaftlichen Erzeugnisse, und diese Vorräte in den sieben reichen Jahren zurücklegen. Eine eigens geschaffene Gruppe von Beamten unter Leitung eines mit allen Vollmachten ausgestatteten Ministers wird das Unternehmen überwachen. Nehmen wir, um die Sache konkreter zu machen, an, daß die Ernte in den sieben fetten Jahren 125% des normalen Niveaus erreicht und in den sieben mageren Jahren 75%. Die von Joseph vorgeschlagene Aufteilung führt zu einem Verbrauch von 125 – 25 = 100% des normalen Niveaus in der ersten Periode und von 75 + 25 =

100% des normalen Niveaus in der zweiten Periode. Die Sache hat Hand und Fuß und wird in der Tat ein großer Erfolg werden, zumindest für Pharao, der sich kostenlos mit Getreide eindeckt, das er dann teuer wieder verkaufen wird (1. Mose 41,56 f.).

Es ist klar, daß ein derartiges Unternehmen eine beachtliche Bürokratie verlangte, die weit über alles hinausging, was den Wikingerkönigen je zu Gebote stand. Es galt, den Umfang der landwirtschaftlichen Produktion zu erfassen, ein Netz von königlichen Speichern aufzubauen, dort sieben Jahre lang 20% der Ernte zu deponieren, zu konservieren und zu registrieren, um dann die Vorräte etappenweise zu verkaufen, so daß sie sieben Jahre reichten, was eine relativ genaue Vorstellung vom Bedarf der Bevölkerung voraussetzte. Neben den gewöhnlichen Aufsehern, Zöllnern und Steuereintreibern benötigte man ein ganzes Heer von Buchhaltern und Statistikern. Pharao gab sich darüber keinen Illusionen hin und schuf für diese Aufgabe ein spezielles Korps. Diese Schreiber nahmen wirtschaftliche Berechnungen, Betriebsbuchführungen und die Kontrolle der Verwaltung vor und benutzten ihre technischen Kompetenzen, um die politische Macht zu erlangen, ganz nach dem Vorbild Josephs, der Saphnat-Panea und Minister des Pharao wurde – eine blendende Karriere.

Auch in normalen Zeiten verlangte die Regierung der beiden Reiche Ober- und Unterägypten eine Vorratshaltung, was eine leistungsfähige Administration voraussetzte, die in der Lage war, eine langfristige Politik zu verfolgen und sie durch Prognosen zu unterstützen und jederzeit umzusetzen. Die Wirtschaft war im wesentlichen eine agrarische, und das Land lebte im Rhythmus der Nilüberschwemmungen. Es galt daher, regelmäßig und im ganzen Land die Ernteerträge zu bewerten, um abzuschätzen, ob sie ausreichend waren und ob man Vorräte bilden konnte oder im Gegenteil die Reserven angreifen mußte. Dazu mußte man auch genau Buch über die Zugänge und Abgänge führen und erraten, wie die nächste Ernte ausfallen würde, um die Bewegungen von heute wirksam zu steuern.

Joseph vereinfacht das Problem für Pharao beträchtlich, da er mit Sicherheit vorhersagt, wie nicht nur die nächste Ernte, sondern die vierzehn nächsten Ernten ausfallen werden. Aus diesem Grund ist es keine Kunst, eine Entscheidung über die gegebene Politik zu treffen:

in den sieben guten Jahren muß man sparen, um in den sieben schweren Jahren austeilen zu können. Erfreut man sich jedoch nicht der unmittelbaren Hilfe des Allerhöchsten, besteht das konkrete Problem darin, daß man eben nicht weiß, was das Morgen bringen wird. Ist die Ernte in diesem Jahr gut, so weiß man doch nicht, ob sie im nächsten Jahr gut oder schlecht sein wird und ob es sich daher heute empfiehlt, Vorräte anzulegen oder zu konsumieren. Und selbst wenn zwei Ernten nacheinander gut ausfallen, ist man nicht viel besser dran: soll man weiter Vorräte für die schlechten Tage anlegen, die auf sich warten lassen, oder kann man es sich leisten, sich unbedenklich den Freuden des Konsums zu überlassen?

In Ermangelung böser Vorahnungen kann Pharao auf verschiedene erprobte Rezepte zurückgreifen. Das eine, noch heute sehr beliebte, besteht darin, das Herrschaftsgebiet durch Eroberung und Annexion zu erweitern. Dadurch wird das Risiko verteilt und damit verringert; denn die anderen Anbaugebiete des Fruchtbaren Halbmonds – Palästina, Libanon, Syrien, bis hin nach Mesopotamien – sind nicht denselben meteorologischen Wechselfällen unterworfen wie Ägypten. Das Schicksal dieser Regionen hängt entscheidend von den Niederschlägen an den küstennahen Gebirgsketten des Libanons und des Antilibanons ab, nicht von den Niederschlägen im fernen äthiopischen Massiv, das den Nil speist. Noch weiter weg, in Mesopotamien, findet man ein Bewässerungssystem, das sich aus den Flüssen Euphrat und Tigris speist, die in den Bergen Kappadokiens entspringen. So gibt es drei Wirtschaftsräume, die zwar alle ihren eigenen Risiken unterworfen sind, aber unabhängig voneinander existieren; wenn es einmal in Äthiopien nicht regnet, muß das nicht heißen, daß es im Libanon ebenfalls nicht regnen wird. Ein Reich, das sich von Ägypten bis nach Mesopotamien erstreckte, würde also nur dann eine Hungersnot erleiden, wenn es in dem gesamten Gebiet zwischen Zentralafrika und Kleinasien nicht regnete. Daß es in so weit voneinander entfernten Regionen gleichzeitige Dürreperioden gibt, kann zwar vorkommen, ist aber doch viel weniger häufig als lokal begrenzte Trockenzeiten. Wenn man zum Beispiel annimmt, daß es nur alle sieben Jahre keine Nilüberschwemmung gibt, daß Euphrat und Tigris nur alle sieben Jahre trocken bleiben und daß beide Ereignisse unabhängig voneinander sind, beträgt die Wahrscheinlichkeit, daß sie gleichzeitig eintreten, nur eins zu neunundvierzig, das heißt, der Kaiser darf sich für die Dauer seiner Herrschaft vor einer solchen Katastrophe sicher fühlen.

Das andere Rezept besteht darin, sich auf das Wetter zu verlassen. Wenn das nächste Jahr wirklich schlecht ist, bedeutet das nicht zwangsläufig, daß das übernächste Jahr es auch sein wird. Gewiß kann es Klimazyklen oder Ausbrüche göttlichen Zorns geben, doch in Ermangelung eindeutiger Anhaltspunkte ist es vernünftig, davon auszugehen, daß das Wetter im nächsten Jahr unabhängig vom Wetter in diesem Jahr ist. Diese Überlegung hat eine einfache Konsequenz: Wenn man, wie oben, annimmt, daß die Jahre der Dürre eine Häufigkeit von eins zu sieben haben, beträgt die Wahrscheinlichkeit, daß zwei Jahre der Dürre aufeinander folgen, nur eins zu neunundvierzig, und die Wahrscheinlichkeit, daß sieben aufeinander folgen, 1 zu 823 543. Dieses Ereignis ist so unwahrscheinlich, daß sein Eintreten ein zwingendes Indiz für das Walten des Übernatürlichen wäre – oder für einen Fehler im Modell.

Im Mittelpunkt dieser Überlegungen, und überhaupt jeder statistischen Analyse, steht der Begriff »Unabhängigkeit«. Diese kann räumlich oder zeitlich sein und geht auf die Entfernung beziehungsweise auf das Vergessen zurück. Gewiß, von einem bestimmten Standpunkt aus gibt es keine Unabhängigkeit. Die Zirkulation der Atmosphäre hängt letztlich von der Sonneneinstrahlung und der Erdrotation ab. Die örtlichen Störungen, die man an dieser oder jener Stelle beobachtet, sind lediglich die Konsequenzen von komplexen Interaktionen, deren Schauplatz der gesamte Globus ist. Die Niederschläge in Äthiopien wie in Kappadokien haben gemeinsame, aber weit auseinanderliegende Ursachen. Das weiß der Astronaut, der auf der Umlaufbahn um die Erde eine ganze Hemisphäre mit einem Blick erfaßt und das Ballett der Wolkensysteme bewundert. Aber die Figuren sind verschieden genug und ihr Werden und Vergehen bietet Unvorhergesehenes genug, um den Anteil der Regentage in Äthiopien gleich bleiben zu lassen, ob man ihn nun auf die Gesamtheit der Regenperiode bezieht oder allein auf die Regentage in Kappadokien. Mit anderen Worten: die Feststellung, daß es in Addis Abeba regnet, ändert nichts (oder zu wenig, als daß wir es wahrnehmen könnten) an der Wahrscheinlichkeit, daß es in Ankara regnet, und diesen Sachverhalt drücken wir aus, wenn wir betonen, daß beide Ereignisse unabhängig voneinander sind. Ebenso informiert uns die Feststellung, daß es heute in Kairo regnet, kaum über das Wetter, das heute in einem Jahr in dieser Stadt sein wird. Im Prinzip ist die Antwort auf diese Frage zwar im heutigen Zustand der Erdatmosphäre enthalten. Aber in 365 Tagen wird genügend viel Zeit vergangen sein, um die Erinnerung an den Regenschauer auszulöschen, der sich mit zahllosen anderen Wettereinflüssen vermischt haben wird, noch unbedeutenderen oder im Gegenteil folgenreicheren – dem Flügelschlag eines Schmetterlings oder einem Zyklon über dem Chinesischen Meer. Im Maßstab eines Jahres hat die Meteorologie kein Gedächtnis. Jemand, der weiß, daß es heute geregnet hat, ist in bezug auf die Prognose, ob es in einem Jahr regnen wird, in derselben Position wie jemand, der das nicht weiß.

In der Statistik isoliert man Ereignisse, die man in einem sehr präzisen mathematischen Sinn als aleatorische postuliert. Wir stellen das schematisch dar, indem wir uns jedes Ereignis als eine große Urne denken, die mit roten und mit grünen Kugeln gefüllt ist; jedesmal, wenn es gilt, eine Entscheidung zu treffen, zieht Gott eine Kugel aus der Urne. Ist die Kugel grün, findet das Ereignis statt, ist sie rot, findet es nicht statt. Die Aufgabe des Statistikers besteht darin, den Anteil der roten und der grünen Kugeln zu ermitteln.

Im einfachsten Fall sind die einzelnen Ziehungen unabhängig voneinander. Das bedeutet, daß bei mehreren Ziehungen nacheinander das Ergebnis der letzten Ziehung nicht durch die vorangegangenen Ziehungen beeinflußt wird. Eine erste Methode, diese Unabhängigkeit zu garantieren, besteht darin, nach jeder Ziehung die Kugel in die Urne zurückzulegen und tüchtig zu mischen, um eine gleichmäßige Verteilung der Kugeln zu gewährleisten. Die empirische Häufigkeit, das heißt die Anzahl der Male, die die grüne Kugel gezogen wird, geteilt durch die Anzahl der Ziehungen, muß dann dem Anteil der grünen Kugeln in der Urne nahekommen, wobei die Annäherung um so besser ist, je größer die Anzahl der Ziehungen ist. Eine andere Methode, die Unabhängigkeit sicherzustellen, besteht darin, die

Kugeln aus separaten Urnen zu ziehen. Die Wahrscheinlichkeit, zwei grüne Kugeln – aus jeder Urne eine – zu ziehen, erhält man dann, indem man die Wahrscheinlichkeit, eine grüne Kugel aus der ersten Urne zu ziehen, mit der Wahrscheinlichkeit multipliziert, eine grüne Kugel aus der zweiten zu ziehen. Wenn beispielsweise zwei Ereignisse die Wahrscheinlichkeit 1/2 haben und unabhängig voneinander sind, beträgt die Wahrscheinlichkeit, daß sie zusammen auftreten, $1/2 \times 1/2 = 1/4$.

Es gibt mehrere Möglichkeiten, eine Abhängigkeit (man spricht dann von Korrelation) zwischen zwei Ereignissen herzustellen. Man kann sie beispielsweise gleichzeitig aus derselben Urne ziehen. Dazu muß man zwei weitere Farben, Weiß und Schwarz, einführen. Bezeichnet man die ins Auge gefaßten Ereignisse als X und Y, so lautet der Farbencode folgendermaßen:

grün	= X und Y finden statt
weiß	= X findet statt, aber nicht Y
schwarz	= Y findet statt, aber nicht X
rot	= weder X noch Y finden statt

Dann zieht Gott, sobald er eine Entscheidung zu treffen hat, wie zuvor eine Kugel. Ist der Anteil der vier Farben gleichmäßig und beträgt jeweils 25%, ergeben sich wieder die Wahrscheinlichkeiten, die wir zuvor zwei unabhängigen Ereignissen mit der Wahrscheinlichkeit 1/2 zugeschrieben haben, und die dergestalt durchgeführte Ziehung entspricht genau einer doppelten Ziehung in zwei zweifarbigen Urnen. Man kann dann mit Recht sagen, daß X und Y unabhängig voneinander sind. Im anderen Extremfall kann man weder weiße noch schwarze Kugeln ziehen. In diesem Fall sind X und Y engstens miteinander verknüpft, da man das eine Ereignis niemals ohne das andere beobachtet; wir versuchen nicht, die Ereignisse X und Y dadurch hierarchisch zu ordnen, daß wir untersuchen, ob das eine die Ursache des anderen ist, sondern stellen einfach fest, daß sie stets zusammen auftreten.

Zwischen diesen beiden Extremen gibt es sämtliche Grade der Korrelation. Prüfen wir zum Beispiel, was eine Verteilung von 30% grüner, 20% weißer, 20% schwarzer und 30% roter Kugeln bedeutet. Interessiert man sich nur für das Ereignis X, so stellt man fest, daß es bei einer grünen wie bei einer weißen Kugel stattfindet, das heißt, daß es 30 + 20 = 50% Chancen hat, aufzutreten. Das ist die Wahrscheinlichkeit, die man X in Ermangelung irgendwelcher sonstigen Informationen zuschreibt. Weiß man außerdem, daß das Ereignis Y aufgetreten ist, muß die gezogene Kugel grün oder schwarz sein. Angesichts der Farbverteilung stehen die Chancen drei zu zwei, daß die Kugel grün ist und daß daher auch X eintritt. Diese zusätzliche Erkenntnis läßt die Wahrscheinlichkeit des Ereignisses X von 50% auf 60% steigen. Die Tatsache, daß Y auftritt, erhöht die Wahrscheinlichkeit, daß X auftritt; man sagt, daß die Ereignisse X und Y positiv korrelieren.

Man kann gewiß diese Korrelationen berechnen, aber im Zentrum der Statistik steht die Untersuchung unabhängiger Ereignisse. Das schönste und universellste Resultat ist das Theorem »mittlerer Grenzwert«, das sehr genau das Ergebnis einer großen Anzahl unabhängiger Ziehungen beschreibt und allgemein als das »Gesetz der großen Zahl« bekannt ist. Stellen wir uns zum Beispiel eine Urne vor, die zu gleichen Teilen weiße Kugeln und schwarze Kugeln enthält. Intuitiv hat man die Vorstellung, daß man bei einer großen Anzahl von Ziehungen ungefähr genauso viele weiße Kugeln wie schwarze Kugeln beobachten müßte, wobei man sich im klaren ist, daß man auch Pech haben und lauter schwarze Kugeln ziehen kann. Das genannte Theorem gibt die Häufigkeit dieser pathologischen Fälle an und erlaubt die Feststellung, daß sie mit der Anzahl der Ziehungen sehr schnell abnimmt. Führt man 1 500 Ziehungen durch, erhält man eine astronomische Zahl möglicher Szenarien, nämlich $2^{1\,500}$, aber bei der Hälfte von ihnen bewegt sich die beobachtete Häufigkeit von weißen Kugeln zwischen 49% und 51%, das heißt, sie weicht um weniger als 1% vom exakten Anteil der weißen Kugeln ab. Die Wahrscheinlichkeit, bei 1 500 Ziehungen zwischen 49% und 51% weißer Kugeln zu beobachten, beträgt also 0,5 und steigt bei 10 000 Ziehungen auf 0,954 und bei 27 000 Ziehungen auf 0,999. In dem letzteren Fall stehen also die Chancen weniger als eins zu tausend, daß man sich täuscht, wenn man den exakten Anteil der weißen Kugeln auf eine Spanne von 1% um die beobachtete Häufigkeit schätzt.

Die erste Lehre, die man aus dem »Gesetz der großen Zahl« ziehen kann, ist, daß die Präzision mit der Quadratwurzel der Anzahl der Ziehungen zunimmt. Bei einem gegebenen Zuverlässigkeitsniveau, beispielsweise 1/1 000 (das bedeutet, daß die Chance, sich zu täuschen, weniger als eins zu tausend betragen soll), und bei einem exakten Anteil weißer Kugeln in der Urne von 1/2 bewegt sich die exakte Häufigkeit in einem Intervall von 0,33% beiderseits von 50% nach hundert Ziehungen, von 0,033% nach zehntausend Ziehungen und von 0,0033% nach einer Million Ziehungen. Das Intervall verringert sich jedesmal um den Faktor 10, wenn die Anzahl der Ziehungen mit 100 multipliziert wird, wobei das Zuverlässigkeitsniveau konstant bei 1/1 000 bleibt. Mit anderen Worten: es gibt auch weiterhin abweichende Ziehungen, es ist immer noch möglich, nacheinander hundert, zehntausend oder eine Million weiße Kugeln zu ziehen, aber der Anteil solcher Ziehungen nimmt ab. Man kann dieses Resultat so interpretieren, daß man sagt, daß zufällige und unabhängige Fehler mit dem Mittelwert Null sich gegenseitig kompensieren, wenn man sie zusammenzählt.

Das »Gesetz der großen Zahl« hat auch eine geometrische Interpretation, die wir erhalten, wenn wir versuchen, das Resultat einer großen Anzahl N unabhängiger Ziehungen als Kurve darzustellen. Denken wir uns, es handele sich um weiße oder schwarze Kugeln, und zählen wir am Ende der N Ziehungen, wie viele weiße Kugeln wir erhalten haben. Man kann ohne eine einzige weiße Kugel dastehen, wenn bei jeder Ziehung eine schwarze Kugel herausgekommen ist, oder mit N weißen Kugeln, wenn jedesmal eine weiße Kugel gezogen worden ist; außerdem gibt es sämtliche Möglichkeiten dazwischen. Gegenüber jeder Ziffer *n* zwischen 0 und N tragen wir die Anzahl der Szenarien ein, die zu dieser Gesamtzahl weißer Kugeln führen. Man erhält dann eine sehr charakteristische Kurve in Glokkenform, die sogenannte Gaußsche Normalverteilung, die sich symmetrisch um den mittleren Wert N/2 verteilt (sofern die Urne ebenso viele weiße Kugeln wie schwarze Kugeln enthielt). Die Universalität dieser Kurve, die in allen Bereichen der Wissenschaft und Technik vorkommt, resultiert aus dem »Gesetz der großen Zahl«.

Immer, wenn man Messungen sammelt, sieht man eine Gaußsche

Kurve entstehen. Die Größe der Rekruten am Tag der Erfassung, die Rundungsfehler bei Berechnungen, die experimentellen Messungen physikalischer Konstanten verteilen sich in Gaußscher Weise. Das ist leicht zu verstehen, wenn man sich vergegenwärtigt, daß die Größe eines Menschen abhängig ist von Konstanten, die die gesamte Population betreffen (Art der Ernährung, genetisches Erbe), aber auch von individuellen Parametern (Geschmacksvorlieben, Lebensniveau, körperliche Betätigung, Heredität, Mutationen), deren Verteilung zufällig ist. Jedes Individuum »zieht« seine Parameter bei der Geburt, und da diese Ziehungen unabhängig voneinander quer durch die gesamte Population erfolgen, entspricht die Verteilung der Körpergröße in ihr dem »Gesetz der großen Zahl«. Ebenso ist jede physikalische Messung mit Fehlern unterschiedlicher Herkunft behaftet, die namentlich auf Grenzen der Versuchsanordnung und auf die Präzision der verwendeten Instrumente zurückgehen. Reproduziert man das Experiment, mißt man das Ergebnis nach, so bedeutet das praktisch, daß man eine neue Ziehung vornimmt, die von der vorangegangenen unabhängig ist, und damit dem Geltungsbereich des »Gesetzes der großen Zahl« unterliegt.

Dieses Gesetz ist so mächtig, daß es sich auch auf Bereiche erstreckt, in denen der Zufall ersichtlich keine Rolle spielt. So etwa in der Arithmetik. Erinnern wir uns zunächst daran, daß eine Zahl als Primzahl gilt, wenn sie durch keine andere (außer 1 und sich selbst) teilbar ist. So sind die Zahlen 2, 3, 5, 7, 11, 13, 17, 19, 23, 29, 31, 37 Primzahlen; sie sind der Anfang einer unendlichen Reihe, die die Mathematiker seit der frühesten Antike beschäftigt hat. Eine Zahl, die keine Primzahl ist, kann man in ein Produkt aus Primfaktoren zerlegen; die Zahl 6 hat zwei Primfaktoren ($6 = 2 \times 3$), die Zahl 210 vier ($210 = 2 \times 3 \times 5 \times 7$). Um durch 6 teilbar zu sein, muß eine Zahl durch 2 und durch 3 teilbar sein. Nun ist die Hälfte aller Zahlen durch 2 teilbar, ein Drittel durch 3 und ein Sechstel durch 6. Da $1/6 = 1/2 \times 1/3$ ist, besteht eine formale Analogie zu der Regel über die Multiplikation der Wahrscheinlichkeiten unabhängiger Ereignisse. Kann man nun noch weitergehen und das »Gesetz der großen Zahl« anwenden, wie wenn man es wirklich mit dem Zufall zu tun hätte? Das wäre überaus paradox; denn was könnte es Deterministischeres geben als die Folge der ganzen Zahlen? Und doch haben Marc Kac und Paul Erdös 1939 gezeigt, daß die Anzahl der Primfaktoren einer Gaußschen Verteilung folgt. Genauer gesagt ist die Anzahl der Primfaktoren einer ganzen Zahl m von der Ordnung log log m, und der Anteil der ganzen Zahlen m, für welche diese Zahl zwischen

$$\log \log m + a \sqrt{2 \log \log m}$$

und

$$\log \log m + b \sqrt{2 \log \log m}$$

liegt, wird durch die Oberfläche angegeben, die sich auf der Gaußschen Kurve $\pi^{-1/2} \exp(-x^2)$ zwischen $x = a$ und $x = b$ befindet. Das alles geschieht so, als ob die unendliche Folge der ganzen Zahlen das Resultat ebenso vieler unabhängiger Ziehungen aus den Primzahlen wäre. Oder als ob Gott zuerst die Primzahlen geschaffen und dann die anderen Zahlen durch Auslosen unter ihnen konstruiert hätte. Am ersten Tag zog er die 2 und die 3, und es ward die 6. Am zweiten Tag zog er die 2, die 3, die 5 und die 7, und es ward die 210.

Dies alles ist statisch. Will man nun dem Begriff der Unabhängigkeit eine dynamische Dimension geben, so stößt man auf die Brownsche Bewegung. Es handelte sich dabei ursprünglich um die erratische Bewegung mikroskopisch kleiner Teilchen, die in einer Flüssigkeit schwimmen. Sie wurde 1827 von dem irischen Botaniker Robert Brown entdeckt und 1905 von Einstein und Smoluchowski als Auswirkung der zufälligen Bewegung der umgebenden Moleküle erkannt; die mathematische Theorie der Brownschen Bewegung wurde von Norbert Wiener und Paul Levy begründet. Heute ist sie eines der wichtigsten Instrumente bei der Modellbildung von Phänomenen, die von der Zeit und vom Zufall abhängen; an Universalität steht sie in nichts der Gaußschen Normalverteilung nach, mit der sie übrigens aufs engste verknüpft ist.

Die Brownsche Bewegung ist *per definitionem* eine Bewegung ohne die Spur eines Gedächtnisses. Das Pollenteilchen, das vom umgebenden Wasser bewegt wird, weiß weder, wann der nächste Stoß erfolgen, noch, mit welcher Kraft und in welche Richtung er es forttreiben wird. Das mathematische Modell idealisiert diese Situation und konstruiert ein Teilchen, das in jedem Augenblick vergißt, von wo es gekommen ist, sich umsieht, wo es ist, und entscheidet, wohin es gehen will. Mit anderen Worten, die jeweilige Ortsveränderung muß unabhängig von der vergangenen Geschichte sein; man könnte sich denken, daß sie kontinuierlich ausgelost wird. Stellen wir uns diese Bahn vor, auf der in jedem Augenblick eine Veränderung der Richtung und der Geschwindigkeit erfolgt und die trotzdem kontinuierlich weitergeht: Welch ein Durcheinander wird sie nicht auf der Ebene des Experiments stiften! Ob man gewisse Ausschnitte vergrößert oder umgekehrt Abstand zu gewinnen sucht, man findet in jeder Größenordnung dieselbe Struktur wieder: eine Art gezackter Linie, die sich durch unser Gesichtsfeld tastet. Physikalisch kann man nicht weiter als bis zum molekularen Maßstab heruntergehen, aber mathematisch ist eine unendliche Vergrößerung möglich, wobei sich generell immer derselbe Anblick bieten wird. Auf jeder zeitlichen Skala, wie klein sie auch sein mag, ändert das Teilchen ständig seine Richtung und seine Geschwindigkeit. Das ist der Grund, weshalb die Bahnen der Brownschen Bewegung jene kontinuierlichen Kurven beschreiben, die keine Tangenten haben und die den Mathematikern des vorigen Jahrhunderts daher als irgendwie verdächtige Kuriosität vorkamen. Der Physiker Jean Perrin wies auf sie in seinem Buch *Les Atomes* hin, das die Aufmerksamkeit des Mathematikers Norbert Wiener erregte.

Wiener war es, der 1923 die erste streng mathematische Definition der Brownschen Bewegung gab. Die Schwierigkeit dabei bestand in dem Nachweis, daß in der Tat ein mathematisches Etwas existiert, das mit all jenen Eigenschaften versehen ist, die die Physiker gewöhnlich der Brownschen Bewegung zuschreiben. Wiener löste das Problem, indem er sich auf zwei fundamentale Eigenschaften stützte. Einerseits müssen alle Bahnen kontinuierlich sein. Andererseits muß, sobald die Lage des Teilchens im Augenblick $t = 0$ beobachtet worden (und also bekannt) ist, seine (zufällige) Lage in einem späteren Augenblick t von einem Gaußschen Gesetz bestimmt sein, dessen Parameter *nota-*

bene von der verflossenen Zeit *t* abhängen. Alle anderen Eigenschaften der Brownschen Bewegung leiten sich von diesen beiden ab.

Sobald die Brownsche Bewegung einmal auf eine solide mathematische Basis gestellt war, mußte sie eine zentrale Rolle bei der Modellbildung für Zufallsphänomene spielen. So ist bei Übertragungen das Signal stets von einem Hintergrundgeräusch überlagert; das Problem der Filterung besteht darin, das eine vom anderen zu trennen. Dieses Problem wurde erstmals von Wiener selbst gelöst, der dabei die neuen Instrumente verwendete, die er ersonnen hatte. Seine Resultate unterlagen übrigens lange Zeit der militärischen Geheimhaltung, da sie eine neue und extrem sensible Technologie, nämlich das Radar, betrafen. Heutzutage sind wirksamere Methoden der Filterung entdeckt worden, die in den Autopiloten und Steuerungssystemen von Linienflugzeugen und Unterseebooten Verwendung finden. Doch gehen die Anwendungen der Brownschen Bewegung weit über die Behandlung von Signalen hinaus. Ob es sich darum handelt, die Verbreitung einer Epidemie oder die Verteilung der Wärme zu untersuchen, immer ist die Brownsche Bewegung das Basiswerkzeug der Modellbildung.

In den letzten Jahren hat man für die Brownsche Bewegung einen weiteren Vorläufer gefunden. Um die Jahrhundertwende hat ein Mathematiker namens J. Bachelier eine Arbeit[3] vorgelegt, in der er allen Ernstes für die Aktienkurse an der Börse das Modell der Brownschen Bewegung vorschlug. Aber weder die Börsenmärkte noch die mathematische Technik waren damals dieser Idee gewachsen, und Bachelier starb verbittert und vergessen. Es bedurfte der Arbeiten Wieners, um Bacheliers Arbeit zu neuer Anerkennung zu verhelfen, und sie feierte seit 1973 Triumphe, als Fischer Black und Myron Scholes ihre berühmte Formel bewiesen, die es erlaubt, die Aktienoptionen zu evaluieren.

Dabei muß man bedenken, daß die Idee, die Aktienkurse als Brownsche Bewegung aufzufassen, nichts Willkürliches hat, sondern sehr präzise Vorstellungen über das Verhalten von Börsenmärkten widerspiegelt. Wenn man davon ausgeht, daß diese effizient sind, das heißt, daß der Preis einer Aktie sämtliche diesbezüglich zur Verfügung stehenden Informationen widerspiegelt, so muß man zugeben, daß die Veränderungen dieses Preises das Bekanntwerden neuer Informationen widerspiegeln, von denen einige vorhersehbar waren, andere nicht. Was die vorhersehbaren betrifft, so hat der Markt, wenn er funktioniert, ihnen bereits bei der Preisbildung der Aktien Rechnung getragen: Hausse oder Baisse haben durch Antizipation stattgefunden, und das Eintreten dessen, was vorhergesehen worden war, hat keinen Einfluß auf die Aktienkurse. Diese sind daher nur von dem wirklichen neuen Teil der Information abhängig, der auf der Basis der zuvor verfügbaren Informationen nicht vorhersehbar war. So gesehen ist es nur natürlich, die Börsenkurse mit einem Prozeß unabhängiger Zuwächse, das heißt letzten Endes mit einer Brownschen Bewegung zu vergleichen.

Anders gesehen sind es jedoch die Börsianer, die die Kurse machen, und man gewöhnt sich nur schwer an den Gedanken, daß diese Tausende von Personen in aller Welt, jede mit ihren eigenen Intuitionen und Abneigungen hinter dem Bildschirm hockend, sich das alles antun, nur um eine Brownsche Bewegung hervorzubringen. Die Wahrheit ist ohne Zweifel, daß diese Hypothese ausreicht, um 95% der Aktienbewegungen in 95% der Börsensituationen zu erklären (wenn nicht gar vorherzusagen), daß aber in den verbleibenden 5% sich menschlicher Einfallsreichtum zeigt und über Glück oder Unglück entschieden wird. Übrigens geht die Anwendung der Brownschen Bewegung in der Finanztheorie weit über die simple Anpassung der Kurse hinaus; sie erlaubt zum Beispiel, den Preis für gewisse Finanzprodukte wie etwa Optionen zu bestimmen.

Die Option auf eine Aktie ist ein Vertrag, durch den man sich verpflichtet, in drei Monaten eine Aktie zu einem heute festgelegten Preis zu verkaufen. Der Käufer hat das Recht, diese Option nicht wahrzunehmen, wenn sich herausstellt, daß dieser Preis über dem tatsächlichen Börsenkurs zu dem vereinbarten Zeitpunkt liegt. Der Besitzer eines großen Aktienpakets, der sich gegen einen Kurseinbruch absichern möchte, wird die entsprechenden Optionen erwerben wollen, auf die Gefahr hin, sie nicht wahrzunehmen, wenn die Kurse stabil bleiben. Wer ihm diese Optionen verkauft, geht ein Risiko ein und muß dafür entschädigt werden. Dieses Problem des gerechten Preises für die Option haben Black und Scholes 1973 gelöst. Ihre Formel arbeitet nicht mit der Wahrscheinlichkeit, daß der Kurs steigt oder fällt, sondern allein mit dem, was man die Volatilität des Kurses nennt, das heißt seinem mehr oder weniger ungleichmäßigen Verlauf. Man erwartet also von den Anlegern nicht, daß sie Voraussagen – sei es auch nur statistische – über die Entwicklung des Aktienkurses machen, sondern daß sie sich auf den Wert seiner Volatilität einigen, das heißt letztlich, daß sie einen jener Parameter identifizieren, die die Brownsche Bewegung ausmachen. Auf diese Weise ist es nicht notwendig, zu wissen, ob die Aktie steigen oder sinken wird, um den Preis der Option zu bestimmen. Dieses sehr bemerkenswerte Ergebnis liegt der gesamten modernen Finanztheorie zugrunde und hat die Brownsche Bewegung auch bei Leuten populär gemacht, die sich niemals zur Mathematik berufen gefühlt hätten.

Es ist gut und schön, die Statistik auf das »Gesetz der großen Zahl« und dessen Erscheinungsformen wie die Brownsche Bewegung anzuwenden. Aber leider ist der Statistiker auch mit anderen Problemen konfrontiert. Mehr als jedem anderen Wissenschaftler ist ihm schmerzlich der Umstand bewußt, daß er kein einziges Modell validieren kann und daß die einzigen Antworten, die er mit einiger Gewißheit geben kann, negativ sind.

Wir sind von Urnen mit bestimmten Anteilen von Kugeln verschiedener Farbe ausgegangen und haben uns gefragt, ob die Häufigkeiten der im Verlauf mehrerer unabhängiger Ziehungen beobachteten Farben sich von den tatsächlichen Prozentsätzen unterscheiden oder nicht. Leider verfügt der Statistiker nicht über diesen privilegierten Beobachtungsstand. Alles, was er hat, ist eine Reihe von Beobachtungen, und er kann von Glück sagen, wenn es viele sind. Er kann nicht den Zufall erkennen, von den Kugeln auf die Urne schließen, deren Inhalt erraten und behaupten, diese Beobachtungen resultierten aus unabhängigen Ziehungen. Es besteht immer die Möglichkeit, daß andere Mechanismen dort im Spiel sind, wo man den Zufall zu erkennen glaubt, ganz wie ein Taschenspieler die Karten so mischen und austeilen kann, wie er will. Der Statistiker kann niemals ein probabilistisches Modell bestätigen. Er kann es bestenfalls entkräften, indem er feststellt, daß die Beobachtungen in bezug auf das vorgeschlagene Modell abweichen: Wenn das Modell zuträfe, bestünde für das Auftreten des beobachteten Resultats nur eine sehr schwache Wahrscheinlichkeit.

Der Statistiker stellt fest, ob es zwischen einem probabilistischen Modell und einer Reihe von Beobachtungen eine Kompatibilität gibt oder nicht. Er schließt auf Inkompatibilität, wenn die Wahrscheinlichkeit, die das Modell den fraglichen Beobachtungen zuschreibt, zu gering ist, zum Beispiel in der Größenordnung von 1/1 000 oder niedriger. Man erkennt hierin das alte heuristische Prinzip wieder, wonach Ereignisse von zu geringer Wahrscheinlichkeit nicht eintreten – ein Prinzip, das hier dazu führt, das vorgeschlagene Modell zu verwerfen. Wenn der Statistiker dagegen auf Kompatibilität schließt, das heißt, wenn die Wahrscheinlichkeit der beobachteten Reihe, wie man sie ausgehend von dem vorgeschlagenen Modell errechnet, die Größenordnung 1/10 oder mehr hat, dann kann man daraus noch nicht auf die Validität des Modells schließen, selbst wenn die Wahrscheinlichkeit auf 9/10, 99/100 oder mehr anstiege. Man kann nämlich niemals ausschließen, daß ein anderes, besser gewähltes Modell sich nicht noch besser bewähren würde oder daß sogar letzten Endes das betrachtete Phänomen überhaupt nicht vom Zufall abhängt.

Dies ist offenkundig das generelle Problem aller Wissenschaft. Wir haben zu der Werkstatt des Schöpfers keinen Zugang gehabt, wir wissen nicht, was sich dort wirklich abgespielt hat (aber – wie irgend jemand einmal gesagt hat – vielleicht hätten wir einige gute Ratschläge geben können). Wir können die Pläne nur von unserer Seite entwerfen und dann verifizieren, ob die Dinge so ablaufen, wie es nach diesen Plänen der Fall wäre. Der Wissenschaftler ist ständig auf der Suche nach dem entscheidenden Experiment, das es ihm erlaubt, eine Theorie zu entkräften. Doch in der Statistik reicht diese Verifikationstätigkeit bis auf die technologische Ebene. In den Betrieben wie in den Ministerien, vor Ort oder in den Universitäten stellt der Statistiker Hypothesen auf und überprüft sie. Bei einer Qualitätskontrolle geht es beispielsweise darum, dafür zu sorgen, daß der Prozentsatz der vom Fließband kommenden fehlerhaften Stücke unterhalb eines gegebenen Grenzwerts liegt. Der Statistiker stellt eine geeignete Hypothese auf, legt ein Zuverlässigkeitsniveau fest und überprüft dann die Hypothese anhand der ihm gelieferten Stichprobe. Und er greift ein, wenn der Test die Hypothese widerlegt, das heißt, wenn sie auf dem festgelegten Zuverlässigkeitsniveau mit den erhaltenen Resultaten inkompatibel ist.

Diese Art des Vorgehens, nämlich durch Entkräftung von Modellen, ist zwar nicht besonders ehrgeizig, aber dafür äußerst vielseitig und generell verwendbar. Bei einer Qualitätskontrolle ist die Widerlegung des Modells das Interessante, weil sie zeigt, daß die Werte, die gewissen Parametern zugeschrieben wurden, nicht gut sind, das heißt, daß die theoretischen Schwellen nicht eingehalten werden. In anderen Situationen wird die Kompatibilität eines probabilistischen Modells mit den Beobachtungen das Interessante sein, weil sie anzeigt, daß man die Hypothese nicht ausschließen kann, daß das untersuchte Phänomen die Frucht des Zufalls ist. Ob es sich darum handelt, die Antworten auf Multiple-choice-Fragen zu benoten, ein neues Medikament zu erproben oder parapsychologische Experimente zu untersuchen, immer muß die Frage gestellt werden: Hätte der Zufall allein dasselbe Resultat zeitigen können? Wenn es hundert Fragen mit jeweils vier möglichen Antworten gibt, ich nichts über das Thema weiß und ich die Antworten aufs Geratewohl ankreuze, kann ich hoffen, fünfundzwanzigmal das Richtige zu treffen. Das ist der Grund, weshalb es bei derartigen Prüfungen für fünfundzwanzig oder weniger richtige Antworten null Punkte gibt. Erst von da an beginnt die Benotung, was im übrigen Ungerechtigkeiten nicht ausschließt.

Erst wenn es gelungen ist, bei solchen Tests den Zufall auszuschalten, kann man auch andere Erklärungen vorbringen: Kenntnisse des Prüflings, therapeutische Qualitäten oder Gedankenübertragung. Solange statistische Tests den Zufall nicht ausschließen, ist nichts bewiesen. Das scheint elementar zu sein, ist es aber nicht. Nur die wenigsten Menschen wissen, daß sie mit Zufallsantworten sehr oft das Richtige treffen und sogar spektakuläre Serien erzielen können.

Wohlgemerkt: der Statistiker seinerseits kann das Wirken des Zufalls niemals beweisen. Er kann dem Zufall gewisse Einfallstore verschließen oder sie ihm offenlassen, ohne sich dafür verbürgen zu können, daß der Zufall sie benutzen wird; es genügt, daß diese Erklärung nicht ausgeschlossen werden kann. Der einzige Fall, in dem der Statistiker die Präsenz des Zufalls bekräftigen kann, ist, wenn er ihn selbst eingeführt hat. So wird er bei einer Stichprobe darauf achten, seine Auswahl nach dem Zufallsprinzip zu treffen, das heißt, auf die eine oder andere Weise unabhängige Ziehungen der Kugeln in der Urne zu organisieren. Das scheint sehr einfach zu sein, und wenn es sich darum handelt, Teile auszuwählen, die vom Fließband kommen, kann man in der Tat so vorgehen; aber wenn es darum geht, eine repräsentative Stichprobe aus der Bevölkerung nach ihren politischen Ansichten oder sexuellen Gewohnheiten zu fragen, sieht die Sache ganz anders aus. Wie soll man die Leute befragen? Auf der Straße? Aber was ist dann mit denen, die nicht auf die Straße gehen oder im fahrenden Auto sitzen? Telefonisch? Aber nicht jeder hat Telefon, und es kann sein, daß ein Apparat von mehreren Personen benutzt wird. In der Wohnung? Wie kann man das landesweit, einschließlich aller Städte und Dörfer, auslosen? Was tut man, wenn jemand die Auskunft verweigert? Soll man ihn ersetzen, oder muß man ihn unter einer anderen Rubrik verbuchen? Und welchen Wert haben schließlich die Antworten, die wir erhalten? Wer garantiert mir, daß sie ehrlich sind? Man gibt nicht gerne gewisse politische Vorlieben preis, auch wenn sie auf dem Wahlzettel ihren Ausdruck finden. Muß man also mit einer gewissen Verfälschung der Antworten rechnen, und wenn ja, in welcher Weise? Der Statistiker sieht sich bald genötigt, extrem strenge Befragungsprotokolle auszuarbeiten, in denen der Zufall nur eine beiläufige Rolle spielt.

Die große Entdeckung der letzten Jahre war nun, daß die Statistik vom Zufall vollkommen absehen kann. Die Verbreitung der Techniken der Informationsverarbeitung hat in allen Bereichen des sozialen Lebens zur Akkumulation enormer Mengen von Daten geführt, und schon ihre Klassifizierung – von ihrer Interpretation ganz zu schweigen – wirft beträchtliche Probleme auf. Man verfügt hierzu über die herkömmlichen statistischen Methoden wie etwa die Faktorenanalyse; doch sind auch neue Methoden der automatischen Klassifizierung und der Datenanalyse aufgekommen, die sich noch immer auf die

Statistik, aber nicht mehr auf ein probabilistisches Modell berufen. Man sucht vor allem Formen auszumachen, indem man zum Beispiel die Daten als Punkte in einem vieldimensionalen Raum anordnet und sie in möglichst getrennte Wolken abzugrenzen versucht. Das ist eine Arbeit, die wir bei zwei Dimensionen mit dem bloßen Auge durchführen können, die aber der Unterstützung durch einen Computer und komplexe Berechnungen bedarf, sobald die Anzahl der zu berücksichtigenden Parameter drei überschreitet. Dies ist ein Problem der Geometrie, in dem das Aleatorische keinen Raum mehr hat.

Aber die Situation kann sich neuerlich wandeln. Mehr und mehr wird das Wort »statistisch« gleichbedeutend mit »automatische Datenverarbeitung«, und die Entwicklung wird von den immer größeren Mengen informatisierter Daten beherrscht. Neben die herkömmlichen Probleme wie Klassifizierung und Interpretation treten neue, wie etwa die Datenkomprimierung: Die zu speichernden Datenmengen sind derartig groß, daß die Speicher der Computer sehr schnell voll und die Zugriffszeiten zu groß sind. Es wird daher notwendig, die eingehende Information so zu verarbeiten, daß sie im Gerät so wenig Bits wie möglich beansprucht; und bei diesem Spiel des Zerlegens und Neuzusammensetzens von Informationen treten paradoxerweise die probabilistischen Modelle und die klassische Statistik wieder voll und ganz in ihre Rechte. Ebensowenig wäre das alles ohne die beträchtlichen Fortschritte der Rechenmethoden in den letzten zehn oder zwanzig Jahren möglich gewesen; doch reicht der technische Fortschritt allein nicht aus, um der Explosion der verfügbaren Daten Herr zu werden, und so mußte man sehr leistungsfähige Rechenmethoden entwickeln, die ganz auf die innere Struktur der Computer abgestimmt sind, wie etwa die Parallelverarbeitung. Man ist also bei einer Situation angelangt, in der man den Computer mit Blick auf die Berechnungen, die er durchführen soll, konstruiert. Die Zirkulation der Bits – das heißt der Nullen und der Einsen – im Gerät während verschiedener Etappen der Berechnung ist zu einer der Hauptsorgen der Konstrukteure geworden, so wie der Architekt das Kommen und Gehen der Reisenden auf einem Bahnhof oder Flughafen behandelt, und zwar mit probabilistischen Modellen und der klassischen Statistik, die auf diese Weise fröhliche Urständ feiern.

Die Statistik ist nicht dazu da, die Existenz des Zufalls zu beweisen oder sein Wirken zu enthüllen. Im Gegenteil, sie beruht auf einem vorgängigen Postulat, nämlich daß die Welt wahrscheinlich ist. Wie jeder von uns geht der Statistiker von dem Prinzip aus, daß die Welt existiert, doch erwartet er von ihr noch etwas mehr: Er erwartet von ihr, daß sie wahrscheinlich ist. Es ist theoretisch möglich, auf jeden Fall aber mit dem Wahrscheinlichkeitskalkül vollständig kompatibel, daß von morgen an alle aufs Geratewohl geworfenen Münzen mit der Zahl nach oben fallen und daß beim Roulette im Spielcasino nur noch Rouge, Pair und Manque erscheinen. Ein solches Ereignis ist sicherlich extrem unwahrscheinlich, aber es ist möglich, und wenn es einträte, müßten wir in unseren Statistiklehrbüchern nicht ein Iota ändern. Diese würden uns in einem solchen Fall lediglich darüber belehren, daß der Schöpfer, wenn er sich entschließen sollte, das Universum noch einmal zu erschaffen, gute Chancen hätte, eines herzustellen, das sich normaler verhielte. Inzwischen wären wir allerdings gezwungen, in einem unwahrscheinlichen Universum zu leben, in welchem die Flüsse zu ihrer Quelle zurückkehren und die Entropie im Laufe der Zeit abnimmt.

Wir postulieren, daß dem nicht so ist. Wir glauben, daß wir in einem Universum leben, in welchem Ereignisse von zu geringer Wahrscheinlichkeit nicht eintreten, und handeln dementsprechend. Bis jetzt hat uns die Erfahrung keines Besseren belehrt, aber niemand kann in die Zukunft sehen.

Schluß

In der Nacht, als König Olaf sich in seinem Heerlager aufhielt und von der vorher schon erzählt wurde, lag er lange wach, leistete Fürbitte bei Gott für sich und sein Heer und schlief nur wenig. Bei Tagesanbruch jedoch übermannte ihn die Müdigkeit. Als er wieder erwachte, war es Tag geworden. Dem König schien es ratsam, das Heer früh zu wecken. Er fragte, wo der Skalde Thormod sei. Der war in der Nähe, antwortete selbst und fragte, was der König von ihm wolle. Der König sagte: »Trag uns ein Lied vor.« Thormod setzte sich auf und sprach mit lauter Stimme, so daß man ihn im ganzen Heerlager hören konnte. Er trug das alte Bjarkilied vor, und dies ist der Anfang:

Hell stieg der Tag auf,
Hahnenflügel rauschen,
nun harrt Mühsal
der Notgesellen!
Ich weck euch nicht zum Weine
noch zum Weibergeflüster:
heute weck ich euch zu Hildes
hartem Spiele.[1]

An diesem Tag, dem 29. Juli 1030, fand die Schlacht bei Stiklastaðir statt, und König Olaf kam mit dem größten Teil seines Heeres um. Nach seinem Tod aber begann sein wahres Schicksal. Das Volk und die Barone, deren Koalition ihn zu Fall gebracht hatte, bereuten schon bald, daß sie Norwegen leichtsinnigerweise dem dänischen König hatten in die Hände fallen lassen. Feierlich überführten sie den Leichnam Olaf Haraldssons in den Dom zu Nidaros und sandten nach seinem Sohn Magnus, der in der Verbannung in Nowgorod lebte, um ihn zum König zu krönen. Olafs Ruf der Heiligkeit verbreitete sich rasch in allen nordischen Ländern, und die Kirche mit seinem Grab wurde eines der beliebtesten Wallfahrtsziele des Mittelalters. Während der Reformation wurde sie weitgehend zerstört, und heute weiß niemand mehr, wo die sterblichen Überreste des hl. Olaf ruhen.

Thormod der Skalde kämpfte unter dem Banner König Olafs und wurde an seiner Seite schwer verwundet. Er starb noch an demselben Abend, als er sich eigenhändig den Pfeil herausriß, der ihn gefällt hatte. Snorri Sturluson berichtet, daß mit der Pfeilspitze weiße und rote Herzfasern ans Licht kamen und Thormod ausrief: »Der König hat uns gut gefüttert. Es ist noch Fett an meinem Herzmuskel.«[2]

Die Männer starben; nur die Kunst lebt fort. Die Themen des alten Schlachtliedes: die tägliche Fron und der einzigartige Kampf, die lastende Gewohnheit der Gegenwart und das ruhelose Hoffen auf die Zukunft – sie klingen bis heute nach. Über dem Schlachtgetümmel, jenseits von Lärm und Wut erhebt es sich wie ein Appell an die Harmonie der Welt. Und weil sie diesen Ruf vernahmen, waren die Männer Olaf Haraldssons bereit, ihrem König in den hoffnungslosen Kampf zu folgen.

Und ich – warum sollte ich bereit sein, mein Leben der Wissenschaft zu weihen? Nur um herauszufinden, daß ich vom Zufall hin- und hergeworfen werde, unfähig, in die Zukunft zu sehen, darauf beschränkt, das Vorhandene zu registrieren? Warum sollte ich mich, nach so vielen anderen, in diesen Kampf stürzen, wenn er doch nur unfehlbar dazu führt, den Zufall zum König des Universums zu krönen?

Nun, auch ich habe den Gesang Thormods vernommen. Der Zufall macht nicht die ganze Wissenschaft aus, auch wenn ich ihm dieses Buch gewidmet habe. In meiner Arbeit als Forscher gibt es andere Bereiche, in denen der Zufall kaum eine Rolle spielt: die Geometrie, die allgemeine Relativitätstheorie, die Dynamik konservativer Systeme, die Physik der Elementarteilchen. Es sind lauter Theorien von fast überirdischer Schönheit, in denen ich ein und dieselbe Harmonie wiederfinde, ausgedrückt in ein und derselben mathematischen Form, der eines Variationsprinzips.

Ein Variationsprinzip ist ein mathematisches Kriterium, das es erlaubt, eine bestimmte Lösung aus einer Fülle möglicher Lösungen herauszuheben. Das einfachste und bekannteste Variationsprinzip charakterisiert die Gerade als die kürzeste Verbindung zwischen zwei Punkten. Um das Variationsprinzip aufzustellen, müssen wir zunächst die Entfernung zwischen zwei Punkten und sodann die Länge einer Kurve definieren. Danach müssen wir aus der unendlichen Vielzahl von Kurven, die zwei Punkte miteinander verbinden, diejenige herausfinden, die am kürzesten ist. Auf diese Weise definieren wir die Strecke, und ihre sämtlichen Eigenschaften ergeben sich letztlich aus dieser fundamentalen Eigenschaft. Wir werden dann feststellen, daß wir die Euklidische Geometrie nicht auf die Axiome Euklids, sondern auf einer einzigen, einfachen Eigenschaft errichtet haben, die im Grunde ein Prinzip der Ökonomie ist.

Dieses Vorgehen wäre nur eine Kuriosität des Mathematikers, wenn man es nicht im Zentrum der Physik wiederfände. Schon im 17. Jahrhundert äußerte Pierre de Fermat, daß die Lichtstrahlen den kürzesten optischen Weg nehmen. Das bedeutete, die gesamte geometrische Optik, also die zu jener Zeit am weitesten entwickelte Wissenschaft, einem Variationsprinzip zu unterstellen. Zu diesem Zweck muß man zunächst den optischen Weg definieren, der nicht genau der geometrischen Länge entspricht, sondern diese nach dem Brechungsindex des vom Licht durchquerten Mediums gewichtet. Anschließend muß man unter allen möglichen Bahnen diejenige finden, auf der der optische Weg am kürzesten ist. Geheimnisvollerweise ist es genau diese Bahn, die der Lichtstrahl einschlägt. Damit kann man sie berechnen: Es handelt sich um eine gerade Linie, falls der Brechungsindex des Mediums konstant ist, und um eine kompliziertere Kurve, falls der Brechungsindex variiert. Sämtliche Gesetze der geometrischen Optik, mögen sie nun die Reflexion, die Brechung oder die Linsensysteme betreffen, erweisen sich als Folgen dieses einfachen Prinzips.

Fermat war es auch, der die Gesetze der Mechanik auf ein einziges Variationsprinzip zurückgeführt hat, das er »Prinzip der kleinsten Wirkung«[3] nannte. Dieses Prinzip hat die beiden Revolutionen der zeitgenössischen Physik unbeschadet überstanden und sich der allgemeinen Relativitätstheorie ebenso angepaßt wie der Quantenmechanik. Es findet sich immer noch im Kern der Wissenschaft; jede neue Krise führte zu einer Reorganisation rund um dieses Prinzip, verstärkte aber eben dadurch seine zentrale Stellung.

Diese Ökonomie der Wissenschaft hatte schon die Menschen des 17. Jahrhunderts in Staunen versetzt. Woher kommt diese Rolle des »Prinzips der kleinsten Wirkung«? Diese Frage beschäftigte die Philosophen jener Zeit, namentlich Malebranche, vor allem aber Leibniz, dessen Werk den kühnsten Versuch darstellt, sie zu beantworten. Der Satz, daß diese Welt die beste aller möglichen Welten sei, ist eine Formel, die nur allzuleicht unseren Spott hervorruft, aber er verrät die Erfahrung und den Enthusiasmus der damaligen Epoche. In dem Moment, wo Leibniz die Sprache der mathematischen Analysis schuf, sah er die physikalische Welt von ihr Besitz ergreifen wie von ihrer Muttersprache. Die Variationsprinzipien konnten in ihr ganz natürlich ausgedrückt werden, und man sah jene Rechenmethoden entstehen, die es erlauben sollten, sie zu behandeln. Leibniz hat die Entwicklung der Wissenschaft um dieses organisierende Zentralprinzip geahnt, und er wollte die Gründe dafür wissen, bevor er die Früchte sah. Man kann nicht anders als seine Kühnheit bewundern und sein Staunen teilen.

Mehr als dreihundert Jahre später ist es noch immer dieselbe Synthese, nach der wir streben, dieselbe Vision, die uns vorschwebt. Seit dem *Parmenides* des Platon wissen wir, daß die Wahrheit sich nicht einfangen läßt, daß, wenn es eine letzte Realität gibt, sie in dem Maße vor uns zurückweicht, wie wir ihr zu nahe kommen, und daß sie sich schließlich bis zur Nichtigkeit verflüchtigt. Von Elementarteilchen zu Elementarteilchen, von psychologischer Analyse zu psychologischer Analyse ist der Abstieg schwer und ohne Ende. Dieser Weg kann nur zur Aufdeckung der Kontingenz führen, und so wird der Zufall unser Weggefährte sein.

Wir aber suchen einen anderen Weg, einen Aufstieg, von wo aus wir die Dinge sich fügen und nicht sich teilen sehen und wo der Zufall uns verläßt, so wie Vergil Dante verließ, als sie am Eingang des Paradieses angekommen waren. Und was uns leitet, wird die Schönheit sein.

Anmerkungen

Vorwort und Kapitel 1

1 *Die Edda.* Götterdichtung, Spruchweisheit und Heldengesänge der Germanen in der Übertragung von Felix Genzmer. Erste Aufl. der einbändigen Gesamtausgabe. Düsseldorf, Köln 1981, S. 31.
2 Aus der *Ólafs saga helga* (Kap. 94) neu übersetzt nach Snorri Sturluson: *Heimskringla II.* (hg. Bjarni Aðalbjarnarson). Reykjavík 1945 [= Íslenszk fornrit, Bd. 27], S. 157.
3 1. Mose 30 (Übersetzung Leander van Eß).
4 Johannes 19,23 f. (Übersetzung Leander van Eß).
5 Psalm 22,19 (Übersetzung Leander van Eß).
6 Ps. 30.16 enarr. 2 serm. 2.
7 Die griechischen und römischen Zahlen waren für Rechenoperationen kaum geeignet; der kleinste symbolische Kalkül mit ihnen war bereits eine Leistung.

Kapitel 2

1 Der *seiðr* war ein Komplex magischer Riten, die in der Hauptsache der Wahrsagerei dienten. Er scheint ein zentraler Bestandteil des nordischen Heidentums gewesen zu sein und ist mit der oft brutalen Christianisierung der skandinavischen Länder verschwunden.
2 Ein Verkehrsschiff – *drakkar* – im Gegensatz zum Rundschiff, das ein Handelsschiff war.
3 Aus der *Ólafs saga Tryggvasonar* (Kap. 62/63) neu übersetzt nach Snorri Sturluson: *Heimskringla I.* (hg. Bjarni Aðalbjarnarson). Reykjavík 1941 [= Íslenzk Fornrit, Bd. 26], S. 311 f.
4 *Tractatus logico-philosophicus* I.
5 Angelus Silesius, *Cherubinischer Wandersmann* I.289 (ed. Gnädinger).
6 *Journal of the London Mathematical Society* 8 (1933), S. 254-260.
7 Das heißt eine astronomische Zahl, die weit größer ist als die Anzahl sämtlicher Teilchen im bekannten Universum.
8 Die Schreibweise logN bezeichnet den Logarithmus von N zur Basis 2, das heißt eine Zahl, die auf allen Taschenrechnern vorkommt und die viel langsamer wächst als N. Grob gesagt ist es die Anzahl von Ziffern, die notwendig ist, um N in der Basis 2

zu schreiben. Der Logarithmus von 1 ist beispielsweise 0, der Logarithmus von 2 ist 1, der Logarithmus von $1/2$ ist -1, und der Logarithmus von 2^n ist n. Der Logarithmus einer Zahl kleiner als 1 ist negativ, weshalb in der Entropieformel das Minuszeichen erscheint.

9 Der Leser, der diesen Gedanken im einzelnen nachvollziehen möchte, sei darauf hingewiesen, daß die gemachte Aussage

$$\log\left(\frac{(n_0+n_1)!}{n_0!\,n_1!}\right) \approx -\,n_0 \log\left(\frac{n_0}{n}\right) - n_1 \log\left(\frac{n_1}{n}\right)$$

nur für sehr große Zahlen n_0 und n_1 gilt (daher das »Ungefähr«-Zeichen $\approx$). Man benutzt dazu die Stirlingsche Formel, die besagt, daß für große Zahlen m gilt

$$m! \approx \left(\frac{m}{e}\right)^m \sqrt{2\pi m}.$$

(Anm. J. Fröhlich)

10 C. E. Shannon, »A mathematical theory of communication«, *Bell System Technical Journal* 27 (1948), S. 379-423 und 623-656. Siehe auch das Buch von A. I. Khintchine, *Mathematical Foundations of Information Theory,* Dover, New York 1957.

11 Der Leser mag sich an das oben beschriebene Konstruktionsprinzip erinnern. Die Folge besteht aus Abschnitten, in denen jedes Ziffernpaket die gleiche Länge hat. Es werden alle Möglichkeiten durchgespielt, so daß die Länge der Abschnitte 2×1, $2^2 \times 2$, $2^3 \times 3$, $2^4 \times 4$, . . . ist. Startet man wie angegeben mit der ersten Beobachtung an der dritten Stelle der Folge, so wird immer genau das erste Element eines Abschnittes ausgewählt. Beginnt man an der zweiten Stelle, ist es immer genau das letzte, man erhält eine Folge von Einsen. Startet man an einer beliebigen anderen Stelle der Folge und geht $2^2 \times 2$, dann $2^3 \times 3$, dann $2^4 \times 4$ . . . Schritte weiter, so verhält es sich nach einer Anfangsphase analog: Man trifft immer z. B. auf das neunte Element eines Abschnittes und muß dann nur so lange weiterspringen, bis die Ziffernpakete neun Elemente lang sind, um hier immer eine Null vorzufinden.

12 Siehe K. Gödel, E. Nagel, U. Newman, J. Y. Girard, *Le Théorème de Gödel,* Paris 1989.

13 So lautet die größte heute bekannte Primzahl $2^{21\,091} - 1$.

14 »Are our mathematics natural?« *Bulletin of the American Mathematical Society* 19 (1988), S. 259-268.

15 Gunnar Ekelöf, »Detta oerhörda, barocka liv«, in *Opus Incertum*, 1959, S. 71 f. (deutsche Übertragung von Ulrike Strerath-Bolz).

16 Aus der *Egils saga Skallagrímssonar* übersetzt von Kurt Schier in: *Die Saga von Egil.* Düsseldorf/Köln 1978 [= Saga, hg. von Kurt Schier, Bd. 1], S. 170.

17 Die sehr strengen Regeln der Skaldendichtung hatten dazu geführt, daß eine Reihe gewöhnlicher Wörter durch Metaphern, die sogenannten *kenningar*, ersetzt wurden, die den Erfordernissen der Alliteration besser gerecht wurden und im Laufe der Jahrhunderte immer komplizierter ausfielen.

Kapitel 3

1 Aus der *Ólafs saga Tryggvasonar* (Kap. 101) neu übersetzt nach Snorri Sturluson: *Heimskringla I.* (hg. Bjarni Aðalbjarnarson). Reykjavík 1941 [= Íslenzk Fornrit Bd. 24], S. 353 f.
2 Übersetzung Leander van Eß.
3 Übersetzung Leander van Eß.
4 John Maynard Keynes, *Allgemeine Theorie der Beschäftigung, des Zinses und des Geldes,* München u. Leipzig 1936, Kap. 12, V, S. 131 f.
5 Peter Handke, *Die Angst des Tormanns beim Elfmeter,* Frankfurt a. M. 1970, S. 124.
6 François Rabelais, *Gargantua, Pantagruel, Drittes Buch.* Aus dem Französischen von Gottlob Regis, München 1964, 39. Kap., S. 392 f.
7 Jeremias 38,2 (Übersetzung Leander van Eß).

Kapitel 4

1 Aus der *Ólafs saga Tryggvasonar* (Kap. 108) neu übersetzt nach Snorri Sturluson: *Heimskringla I.* (hg. Bjarni Aðalbjarnarson). Reykjavík 1941 [= Íslenzk Fornrit Bd. 26], S. 362 f.
2 *Pensées,* in *Œuvres complètes* (coll. »La Pléiade«), fr. 180. Dt. in: *Blaise Pascal: Logik des Herzens,* Auswahl, Übersetzung und Nachwort von Fritz Paepcke, Ebenhausen bei München 1959.
3 Die Invasion in Nordfrankreich 1944 (A. d. Ü.).
4 Gegenüber einem normalen Buch wie dem, in dem dieser Text abgedruckt ist, werden für das beschriebene Modell zwei Vereinfachungen benutzt: zum einen werden die 100 Seiten mit den Zahlen 00, 01, 02, . . ., 99 numeriert, d. h. es werden auch die Nullen am Anfang mitgeschrieben, was dazu führt, daß die Seiten 2, 3, 4, 5, 6, 7, 8 zu entfernen sind. Zweitens sollen die Blätter des Buches nur einseitig bedruckt sein, damit man auch wirklich einzelne Nummern entfernen kann und nicht immer eine gerade und eine ungerade Seitenzahl zusammen, nur weil sie sich auf der Vor- und Rückseite desselben Blattes befinden. (Anm. J. Fröhlich)

Kapitel 5

1 Übersetzt von Rolf Heller, »Die Saga von Njal«, in *Isländersagas,* Bd. 2, Wiesbaden 1982, S. 156 f.
2 *Pensées,* herausgegeben von Jacques Chevalier, in *Œuvres complètes,* Paris, Sammlung »La Pléiade«, vor allem der *Discours* von Filleau de la Chaise (S. 1474-1501).
3 D. Ellsberg, »Risk, ambiguity, and the Savage axioms«, *Quarterly Journal of Economics* 75 (1961), S. 643-669; und *Reply* 77 (1963), S. 336-342. Siehe auch H. Einhor

und R. Hogarth, »Decision making under ambiguity«, in Hogarth und Reder (Hrsg.), *Rational Choice*, Chicago 1986, S. 41-66.
4 Shakespeare, *Hamlet*, Dritter Aufzug, 1. Szene (Übs. A. W. Schlegel).
5 *Space Shuttle Data for Planetary Mission RTG Safety Analysis* (NASA, Marshall Space Flight Center, AL, 15. Februar 1985).
6 M. Henrion und B. Fischhoff in *American Journal of Physics* 54 (1986), S. 791.
7 Keynes, *Allgemeine Theorie der Beschäftigung, des Zinses und des Geldes . . .*, Kap. 12, III.
8 Thukydides, *Geschichte des Peloponnesischen Krieges,* Buch I, Kap. 73 (Hrsg. und Übs. G. P. Landmann).

Kapitel 6

1 1. Mose 41,17-36 (Übersetzung Leander van Eß).
2 Aus der *Ynglinga saga* (Kap. 15) neu übersetzt nach Snorri Sturluson: *Heimskringla I.* (hg. Bjarni Aðalbjarnarson). Reykjavík 1941 [= Íslenzk Fornrit Bd. 26], S. 31 f.
3 J. Bachelier, *Théorie de la spéculation,* Annales scientifiques de l'École normale supérieure 17 (1900), S. 21-86.

Schluß

1 Hilde ist eine Walküre, ihr »Spiel« der Kampf, der Krieg. Aus der *Ólafs saga Helga* (Kap. 208) neu übersetzt nach Snorri Sturluson: *Heimskringla II.* (hg. Bjarni Aðalbjarnarson). Reykjavík 1945 [= Íslenzk Fornrit Bd. 27], S. 361. Übersetzung der Strophe: Felix Genzmer, in *Die Edda. Götterdichtung, Spruchweisheit und Heldengesänge der Germanen,* Bd. 1: *Heldendichtung* (= Felix Niedner und Gustav Neckel, Hg.: Thule Altnordische Dichtung und Prosa Bd. 1). Revidierte Neuausgabe, 2. Aufl., Düsseldorf/Köln 1963, S. 189.
2 Aus der *Ólafs saga Helga* (Kap. 234) neu übersetzt nach Snorri Sturluson: *Heimskringla II.* (hg. Bjarni Aðalbjarnarson). Reykjavík 1945 [= Íslenzk Fornrit Bd. 27], S. 393.
3 In der Physik hat das Wort »Wirkung« eine genau festgelegte Bedeutung: Es bezeichnet eine physikalische Größe, die sich aus dem Produkt von Energie und Zeit ergibt. (Anm. J. Fröhlich)

Bildnachweis

Snorri Sturlasson, *Kongesagaer*, Christianaia, J. M. Grenerssen et Cie Forlag, 1899: S. 10, 44, 74, 98, 148, 170, 194
Statens Historiska Museum, Stockholm: S. 121 (Fotos: E. Oxenstierna), S. 125

Hanser Sachbuch

John Briggs/F. David Peat
Die Entdeckung des Chaos
Eine Reise durch die Chaos-Theorie
Aus dem Amerikanischen von Carl Carius
1990. 328 Seiten. 120 Abbildungen

»Durch lebendig geschilderte Beispiele arbeiten die beiden Autoren die Universalität des Chaosphänomens heraus, erläutern seine Bedeutung für die Entstehung des Kosmos, für die biologische Evolution, für die Meteorologie, für Wirtschaftssysteme, für Gehirnprozesse, für die Medizin usw. Sie machen deutlich, daß die interdisziplinäre Chaostheorie den Beweis liefert, daß wir in einer ganzheitlichen Welt leben, in der jedes Teil, und sei es auch noch so winzig, seine Bedeutung für das Ganze hat und umgekehrt das Ganze stets auch wieder auf das Winzigste zurückwirkt. ... Briggs und Peats Darstellung ist lebendig, mitreißend und stimulierend.« *Die Welt*

»*Die Entdeckung des Chaos* enthält eine übersichtliche und gut verständliche Darstellung der Fragen und Probleme, mit denen Chaos-Forscher sich heute beschäftigen. ...
Aus Ordnung entsteht Chaos, und aus dem Chaos erwächst Ordnung. Desorganisation und Selbstorganisation sind die beiden großen Prozesse der Natur. Die Chaosphysik lehrt uns indes nicht nur, diese Prozesse zu verstehen, sondern schärft unseren Sinn für die Empfindlichkeit, Labilität und Gefährdung von Systemen. Dies deutlich zu machen, gerade auch angesichts der gefährdeten Biosphäre, ist ein großes Verdienst der Autoren.« *FAZ*

Hanser Sachbuch

Stephen Jay Gould
Zufall Mensch
Das Wunder des Lebens als Spiel der Natur
Aus dem Amerikanischen von Friedrich Griese
1991. 392 Seiten. 124 Abbildungen

»Stephen Jay Gould schildert plastisch und spannend, wie sensationelle Fossilienfunde die klassische Evolutionstheorie ergänzen. . . . *Zufall Mensch* ist . . . ein Meisterwerk der Wissenschaftspublizistik.«

Bild der Wissenschaft

»Nicht von jedem Sachbuch läßt sich sagen, daß es informativ und spannend zugleich ist, didaktisch gut aufbereitet und glänzend geschrieben. Doch hier trifft es zu.«

Die Welt

Hanser Sachbuch

Erich Jantsch
Die Selbstorganisation des Universums
Vom Urknall zum menschlichen Geist
Erw. Neuaufl. 1992. 468 Seiten mit 47 Abbildungen

Das Buch »handelt wahrhaftig von allem, was das All hergibt. . . . Jantsch, ein unkonventioneller Geist, Mitbegründer des Club of Rome, den er im Protest wieder verließ, Astronom, Musikkritiker, Kaufmann und Gastprofessor an europäischen und amerikanischen Universitäten, streift von der Gehirnphysiologie bis zur Quantenphysik, von der Psychoanalyse bis zum Schamanismus praktisch jedes nur mögliche Gebiet und schafft es, anders als viele Autoren mit ähnlichem Anspruch, eine einzige These zu variieren. Kurz gesagt: Was immer nur ist, ist ganz von selbst entstanden.«

Manager Journal

Hanser Sachbuch

Frans de Waal
Wilde Diplomaten
Versöhnung und Entspannungspolitik bei Affen und Menschen
Aus dem Amerikanischen von Ellen Vogel
1991. 296 Seiten. 100 Fotos

» . . . ein lehrreiches, spannendes und liebevolles Buch über Affen, Menschenaffen und Menschen.« *Frankfurter Rundschau*

»De Waal sucht möglichst unvoreingenommen Gemeinsamkeiten im Primaten- und Menschenverhalten herauszuarbeiten, und sein Augenmerk gilt besonders den zum Teil raffinierten Strategien, mit denen Primaten ihre Aggressionen abbauen und Konflikte lösen. In dieser Hinsicht sind die jahrelangen Beobachtungen des Autors eine wahre Goldmine für die Friedensforschung.« *Süddeutsche Zeitung*

»Das Buch ist durchweg spannend zu lesen. Abgerundet wird es durch zahlreiche Photos.« *Die Zeit*